王涛　黄广炎　叶璇　熊威　编著

断裂与损伤的模拟方法

U0387767

清华大学出版社
北京

内 容 简 介

本书详细介绍了材料和结构断裂与损伤模拟的基本理论、数值算法、典型模型和分析,涉及裂纹显式建模、裂纹尖端奇异性模拟、围道积分计算、渐进损伤和失效模拟、内聚力区模型、虚拟裂纹闭合技术、扩展有限单元法和相场法等;包含丰富的断裂和损伤仿真算例,方便读者快速掌握相关的模拟方法,为科研人员提供了掌握复杂的断裂损伤模拟技术的实用资料。

本书可作为从事断裂与损伤研究的科研工作者的参考书籍,也可作为高校有限元相关课程的辅助教材。

图书在版编目(CIP)数据

断裂与损伤的模拟方法/王涛等编著.—北京:清华大学出版社,2024.1
ISBN 978-7-302-65269-4

Ⅰ.①断… Ⅱ.①王… Ⅲ.①断裂力学-数值模拟 ②损伤力学-数值模拟
Ⅳ.①O346

中国国家版本馆 CIP 数据核字(2024)第 034709 号

责任编辑:戚   亚
封面设计:常雪影
责任校对:赵丽敏
责任印制:曹婉颖

出版发行:清华大学出版社
　　　　网　　　址:https://www.tup.com.cn,https://www.wqxuetang.com
　　　　地　　　址:北京清华大学学研大厦 A 座　　　邮　　编:100084
　　　　社 总 机:010-83470000　　　　　　　　　邮　　购:010-62786544
　　　　投稿与读者服务:010-62776969,c-service@tup.tsinghua.edu.cn
　　　　质量反馈:010-62772015,zhiliang@tup.tsinghua.edu.cn
印 装 者:三河市龙大印装有限公司
经　　销:全国新华书店
开　　本:170mm×240mm　印　张:12　插 页:10　字　数:265 千字
版　　次:2024 年 3 月第 1 版　　　　　　　印　次:2024 年 3 月第 1 次印刷
定　　价:99.00 元

产品编号:102171-01

前 言

PREFACE

断裂和损伤失效是导致工程构件发生灾难性事故的先兆,特别是重大军事工程构件、重要基础设施安全防护结构和精密仪器设备的关键核心部件等。研究材料和结构在准静态和动态载荷作用下的断裂和损伤失效过程对于认识材料的失效行为和预防灾难性事故的发生具有重要的科学研究意义和工程应用价值。随着计算机硬件水平的快速提高和有限元技术的快速发展,数值模拟成为研究断裂和损伤问题的重要手段,并被广泛采用,对解决实际工程中的各种问题起到了至关重要的作用。

然而,断裂和损伤问题的数值模拟由于涉及复杂的断裂和损伤力学知识和特殊的有限元格式,一直是各种工程问题的难点,其仿真模型的建立、关键参量的计算方法、复杂断裂形态的再现和高效数值技术的运用,均需要工程技术人员在掌握一定断裂和损伤力学基础的同时,熟悉有限元格式和建模细节。基于此,作者结合近年来在断裂与损伤数值模拟方面的经验和积累,参考相关文献,将相关工程分析实例和成果总结完善,尽可能全面和详细地向读者介绍断裂与损伤问题模拟仿真的基本流程、数值方法、有限元格式和实例分析等。

本书以有限元软件 ABAQUS 为数值仿真平台和工具,重点介绍了断裂与损伤的数值模拟方法,并基于该软件给出了丰富的数值案例和建模技巧,以及一些模型的建模文件和源代码等,可以满足相关人员对于复杂断裂和损伤问题的个性化仿真需求,以期助力解决复杂的科学问题和工程技术难题,这也是本书编写的初衷。

本书共有 9 章,第 1 章介绍了断裂力学的基本概念,包括断裂模式、线性弹性断裂力学、非线性断裂力学和界面断裂力学的基本知识,为后续断裂与损伤的数值模拟奠定基础。第 2 章介绍了裂纹显式建模和模拟技术,包括二维和三维空间中的裂纹显式建模和模拟,以及轴对称条件下的裂纹建模和模拟。第 3 章介绍了围道积分及其计算方法,重点阐述了 J 积分这一关键断裂参量的计算和输出方法。第 4 章介绍了基于损伤力学的材料失效模拟方法,特别是针对金属材料和纤维增强复合材料的失效问题。第 5 章介绍了界面失效模拟的常用方法——内聚力区方法及其有限元模型,包括基于单元的内聚力区模型和基于表面的内聚力区模型。第 6 章介绍了虚拟裂纹闭合技术和准则,并基于该技术模拟了双悬臂梁问题,并与

第 5 章的内聚力区模型进行了比较。第 7 章针对断裂力学中的一个重要概念——应力强度因子进行了详细介绍,包括应力外推法、位移外推法、虚拟裂纹闭合法和相互作用积分法等计算方法。第 8 章和第 9 章分别介绍了两种结构断裂和损伤模拟领域的新兴数值方法——扩展有限单元法和断裂相场法,以及这两种方法基本的有限元格式和相应的数值算例。

本书内容涵盖了断裂与损伤建模、仿真的许多方面,既有断裂力学的基本理论和概念,又有各种断裂与损伤问题的建模方法和技巧;既有准静态断裂过程分析,又有爆炸和冲击载荷下的瞬态绝热剪切失效分析;既有成熟的内聚力区裂纹模型和围道积分模型,又有扩展有限元法和断裂相场法等最新的断裂模拟数值方法,内容非常丰富。读者朋友可以针对自己的学习和科研需求选择部分或全部内容学习。在阅读的过程中,可以配合本书的分析案例和章首二维码中的资源,边操作边学习,快速掌握相关知识和技巧。此外,针对实际工程中的一些典型失效问题,特别是大型结构在复杂载荷下的断裂失效,本书也进行了一定的研究和案例分析,为读者理解相关问题提供了很好的视角和见解。

本书主要介绍材料和结构的断裂与损伤模拟的基本理论、数值方法和典型案例,对使用者的数学、力学和有限元基础有一定的要求,因此本书适用于从事材料和结构断裂与损伤研究的科研工作者,如高年级本科生、研究生、高校教师或科研院所的研究人员。书中含有很多有限元相关的基础知识,以及有限元建模和仿真技巧,也可作为高校有限元相关课程的辅助教材。此外,书中涉及的一些典型工程问题的研究,可以为相关领域的工程研究人员提供特定研究视角,可作为工程研究人员的参考。

在本书的成书过程中,得到了大量的学者、专家、朋友、同行的热心帮助,包括但不限于:庄茁教授、柳占立教授、刘小明研究员、高岳博士、胡剑桥博士、曾庆磊博士、张璇博士、韩昊悦、王一帆,在此表示感谢。

在本书编写的过程中,作者参考了一些断裂力学和模拟仿真相关的书籍和文档,这些资料使我们受益匪浅,感谢相关作者和开发者的辛勤劳动。

作者已尽最大努力将材料与结构损伤和断裂仿真模拟的相关知识和方法尽可能全面、易懂地介绍给读者,但是仍无法避免书中的错误和遗漏之处,敬请广大读者和专家学者批评指正。

作　者

2024 年 1 月于北京

目 录

CONTENTS

第 1 章

断裂力学的基本概念

第 1 章图片

1.1 断裂力学概述

断裂力学是固体力学的一个重要领域[1]，其将力学、材料学、物理学与数学、工程科学紧密结合，是一个涉及多学科交叉融合的固体力学专业。断裂力学的主要研究内容是结构在受到应力和应变等作用下的裂纹体的行为，如裂纹的萌生和扩展规律等。这些作用的应力和应变可以来自外加载荷或自平衡应力场（如残余应力）。

断裂力学所研究的裂纹是宏观的、肉眼可见的裂纹。工程材料中存在的各种缺陷也可近似地看作裂纹。由于在实际情况中无法制造没有缺陷的完美材料，在结构设计和评估中，不能只考虑均匀材料的强度因素。断裂力学中引入了新的材料参数将试验数据和真实的结构设计相联系，即"裂纹驱动力"。裂纹驱动力的临界值称为"断裂韧性"，用于描述材料存在裂纹时抵抗断裂的能力。当裂纹驱动力等于断裂韧性时，施加载荷、裂纹尺寸和结构几何之间会建立联系。断裂力学就是研究含有裂纹的结构的破坏条件、在一定的载荷下可允许结构中存在的裂纹尺寸、裂纹尺寸随时间变化、在含有裂纹和特定的工作条件下结构的剩余寿命等内容的学科。

断裂力学有一个假设：所有工程材料从其包含的裂纹处开始失效。因此需要格外关注裂纹附近的应力分布。具体做法是用裂纹尖端周围的渐进场来描述裂纹尖端周围的局部变形，这些裂纹尖端的渐进场是由外部加载或自平衡应力场和结构整体的几何形状参数来衡量的。根据裂纹尖端非弹性变形的程度又发展了线性和非线性理论用于处理断裂物体的应力场。

断裂力学的研究分类有不同的方法：按照材料断裂的难易程度划分，可以分为脆性断裂和韧性断裂；按照材料的弹塑性特征划分，可以分为线性弹性断裂力学和弹塑性断裂力学；按照研究的尺度划分，可以分为原子尺度（$<10^{-8}$ m）的材料断裂、亚微米尺度（$10^{-8}\sim10^{-4}$ m）的材料断裂、试样尺度（$10^{-4}\sim10^{0}$ m）的材料断裂和工程尺度（$>10^{0}$ m）的材料断裂；按照裂纹扩展的速度划分，可以分为静止裂纹、亚临界裂纹扩展和裂纹失稳扩展。

1.2　材料的断裂机制

典型的工程材料，如金属材料和非金属材料，有两种主要的断裂模式：脆性断裂和韧性断裂，与之对应的材料分别称为"脆性材料"和"韧性材料"。断裂的主要表征量为材料的断裂韧度，是材料在断裂前的弹塑性变形中吸收能量的能力。脆性材料对应于断裂韧度较低的材料，而韧性材料对应于断裂韧度较高的材料。

（1）脆性断裂

尽管脆性断裂在人类社会中是再普遍不过的现象，如劈柴、雕塑、材料切割等手工作业或结构建筑过程，但此类问题在全焊接结构诞生后才日益尖锐。在通过铆钉等构件连接的结构中，断裂常常终止于连接处；但在焊接结构中，裂纹却会通过焊缝扩展。典型的例子是第二次世界大战期间，在未考虑断裂力学因素而存在设计缺陷的油轮和货船上，常伴随巨大的断裂声。

对于脆性断裂，在一定的载荷作用下，裂纹迅速扩展，结构整体几乎没有塑性变形发生。如玻璃、粉笔和陶瓷等，均属于低韧度、低塑性的材料，它们在发生断裂前，没有明显的塑性变形发生。绝大多数脆性断裂起始于材料的初始缺陷，扩展速度快，大多发生于低温环境。

此外，对于脆性材料，即使施加到结构上的载荷不再增加，材料中产生的裂纹往往会继续扩展。典型的脆性断裂示意图如图 1-1 所示。

图 1-1　典型的脆性断裂示意图

作为脆性断裂的一个特殊例子，多晶体材料的脆性断裂表现为穿晶断裂（裂纹）或沿晶断裂，这取决于晶界是比晶粒更强还是更弱。如果晶界更强，则易发生穿晶断裂，反之则易发生沿晶断裂，二者的示意图如图 1-2 所示。

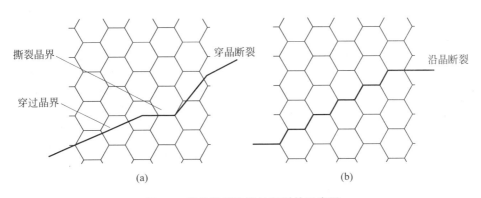

图 1-2　穿晶断裂和沿晶断裂的示意图

（a）穿晶断裂；（b）沿晶断裂

（2）韧性断裂

韧性断裂是指构件经过大量变形后发生的断裂行为。其主要特征是发生了明显的宏观塑性变形(不包括压缩失稳)，如杆件的过量伸长或弯曲、容器的过量鼓胀。断口的尺寸(如直径、厚度)相对于原始尺寸也有明显变化。韧性断裂的断口(图 1-3)一般能发现明显的纤维区和剪唇区，形成凹陷的、杯状的断口外观。当断口尺度较大时还会出现放射形和人字形山脊状花纹。形成纤维区断口的断裂机制一般是"微孔洞的聚合"，在电子显微镜中呈韧窝状花样。总之，韧性断裂表面有较大的颈部区域，总体上比脆性断裂的裂纹表面更加粗糙。

图 1-3　韧性断裂的断口形貌

高韧度材料不容易发生断裂，在断裂前往往有明显的塑性变形发生，会吸收大量能量。如低强度合金钢，在断裂前必定会伸长并发生颈缩现象，是塑性大、韧度高的金属材料。

材料在发生韧性断裂的过程中通常有三个典型的阶段：孔洞成核、孔洞生长和孔洞连接凝聚形成裂纹，如图 1-4 所示。韧性断裂的裂纹通常扩展得较为缓慢，并伴有明显的塑性变形。除非施加到结构上的载荷继续增加，否则韧性裂纹通常不会扩展。

为了有效预测材料的断裂过程，人们提出了不同的理论：

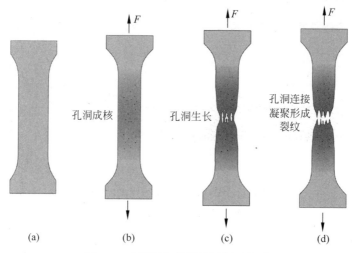

图 1-4　典型的韧性断裂过程示意图

（1）线性弹性断裂力学理论（linear elastic fracture mechanics，LEFM）

线性弹性断裂力学是线性弹性力学的一个分支，线性弹性断裂力学理论假设全场的材料均处于弹性状态，由线性弹性力学的基本方程可以推得裂纹尖端具有奇异性的特征，可主要用于解决脆性材料的断裂问题。

（2）内聚力区模型（cohesive zone model，CZM）

内聚力区模型在裂纹尖端引入了内聚力的概念，裂纹表面的内聚力表示为裂纹张开位移的函数，避免了线性弹性力学中裂纹尖端的奇异性问题，被广泛应用于解决具有一定黏结能力的界面断裂问题等。

（3）弹塑性断裂力学理论（elastic-plastic fracture mechanics，EPFM）

弹塑性断裂力学是弹塑性力学的一个分支，弹塑性断裂力学理论假设材料是弹塑性的（针对具体问题，还会有更多的假设，以获得解析解），可用于解决韧性材料的断裂问题。

后续章节将对上述理论分别进行说明和讨论。

1.3　线性弹性断裂力学

断裂力学的早期发展是建立在线性弹性力学理论基础之上的；即材料是理想的线性弹性材料，如玻璃、岩石、陶瓷等非常脆的材料。对于常见的工程材料，在一定的条件下，可将其看作理想的线性弹性材料，通过 Irwin 和 Orowan 的修正引入塑性功，在假设裂纹尖端塑性区远小于裂纹特征尺寸的前提下，可以成功应用线性弹性断裂力学理论[2]。线性弹性断裂力学的一个主要目的是预测脆性材料中裂纹扩展的临界载荷，也可用来评估工作载荷下材料容许的最大裂纹尺寸。

1.3.1　断裂模式

线性弹性断裂力学根据上下裂纹面的运动方式考虑了材料的三种相互独立的断裂模式：Ⅰ型断裂、Ⅱ型断裂和Ⅲ型断裂，如图 1-5 所示，所有裂纹表面的变形模式都可以看作这三种模式的叠加。

（1）Ⅰ型断裂：施加的力（载荷）垂直于裂纹面，将裂纹拉开。这种断裂模式也被称为"张开断裂模式"（opening mode）。

（2）Ⅱ型断裂：施加的力（载荷）与裂纹面平行，从而产生了一个剪切裂纹。这种断裂模式也被称为"面内剪切断裂模式"（sliding mode）。具体而言，Ⅱ型断裂是一个力将裂纹的上半部分向后推，另一个力将裂纹的下半部分向前拉，两个力都沿着同一条直线，裂纹沿着面内方向滑动。这两个力只会引起面内的变形，不会引起面外的变形。

（3）Ⅲ型断裂：施加的力（载荷）是横跨裂纹的，导致材料分离并沿着裂纹面的平行方向发生横向的滑动，从而离开了原来的裂纹平面。这种断裂模式也被称为"面外剪切断裂模式"（tearing mode）。

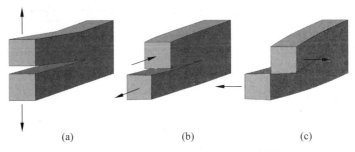

（a）　　　　　　　（b）　　　　　　　（c）

图 1-5　线性弹性断裂力学中的三种断裂模式

（a）Ⅰ型断裂；（b）Ⅱ型断裂；（c）Ⅲ型断裂

1.3.2　应力强度因子

对于各向同性的线性弹性材料，线性弹性断裂力学理论使用单一参数，即应力强度因子 K，来描述线性弹性（脆性）材料中的局部裂纹尖端应力场的强度（应力强度）[3]。应力强度因子是损伤容限学科中的一项关键力学参数，主要用于提供脆性材料的失效准则。应力强度因子的概念也适用于在裂纹尖端表现出小规模屈服的材料。应力强度因子具有以下典型特性：

（1）应力强度因子取决于作用的应力、裂纹的长度和位置，以及试样的几何形状和尺寸。

（2）应力强度因子是由远程加载下尖锐裂纹尖端附近的弹性应力场（或残余应力场）定义的。

（3）应力强度因子可以用于预测裂纹尖端附近的应力状态（这也是"应力强度"这个概念的来源）。

（4）当应力强度因子到达一个临界值时，小裂纹就会增长（"扩展"），材料就会失效。这个临界值（K_C）即表示材料的断裂韧性（它是一种材料属性，将在后文进一步讨论）。

施加载荷、裂纹长度和几何因素对于裂纹尖端局部应力场的影响都是通过应力强度因子描述的；也就是说，就算断裂物体的施加载荷、裂纹长度和几何因素不同，如果应力强度因子相同，裂纹尖端的应力场和变形场也相同。

应力强度因子的确定主要通过理论计算、数值方法和试验测试来确定。对于裂纹形状和边界条件简单的情况，可以通过理论计算来确定；但对于其他复杂情况，需要通过数值模拟和试验测试来确定。数值方法是本书的一个重点，详情见第 7 章。

1.3.3　裂纹尖端的渐进解

裂纹尖端附近的应力场和应变场采用裂纹尖端周围的系列渐进解表示，且只在裂纹尖端附近的一个小区域内有效。这个区域的大小是由小范围屈服假设（稍后讨论）来量化的。应力强度因子是将局部裂纹尖端区域与问题的整体联系起来的参数。

考虑如图 1-6 所示的裂纹尖端的局部坐标系，裂纹尖端应力场的渐进解的主导阶项的表达式为

$$\sigma_{ij}(r,\theta) = \frac{K_{\mathrm{I}}}{\sqrt{2\pi r}} f_{ij}^{\mathrm{I}}(\theta) + \frac{K_{\mathrm{II}}}{\sqrt{2\pi r}} f_{ij}^{\mathrm{II}}(\theta) + \frac{K_{\mathrm{III}}}{\sqrt{2\pi r}} f_{ij}^{\mathrm{III}}(\theta) \tag{1-1}$$

式中，r 是到裂纹尖端的距离，$\theta = \arctan\left(\dfrac{x_2}{x_1}\right)$，$K_{\mathrm{I}}$ 是 I 型裂纹（张开模式）的应力强度因子，K_{II} 是 II 型裂纹（面内剪切模式）的应力强度因子，K_{III} 是 III 型裂纹（横向剪切模式）的应力强度因子，f_{ij}^{a} 定义了断裂模式 $a(a=\mathrm{I},\mathrm{II},\mathrm{III})$ 的应力随角度的变化函数。

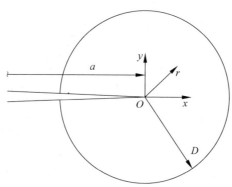

图 1-6　裂纹尖端的局部坐标系

1.3.4 裂纹尖端的奇异性

在线性弹性(脆性)材料中,预测的裂纹尖端的应力状态拥有平方根奇异性,称为裂纹尖端的"奇异性",其反映了线性弹性断裂力学理论中裂纹尖端的应力场(或应变场)具有集中的特点:

$$\sigma_r \propto \frac{1}{\sqrt{r}} \tag{1-2}$$

但是,据此关系必然可以得出裂尖点处($r=0$)的应力或应变为无穷大,此即裂纹尖端的奇异性,与真实情况不符。在现实结构中,不会出现无穷大的应力场或应变场,裂纹尖端总是被断裂过程区包围,在断裂过程区内会发生塑性变形和材料的损伤与破坏,应力的水平也受到了限制。因此,在这个区域内,线性弹性断裂力学理论的奇异解是无效的。在这个区域之外(离断裂过程区足够"远"的地方),只要塑性区或损伤区足够小,就可以认为线性弹性断裂力学理论的解是准确的,这就是所谓的小范围屈服(后文会进一步讨论)。

1.3.5 双参数断裂力学

在线性弹性材料中,围绕尖锐裂纹的 I 型断裂的应力场相对于 r(距裂纹尖端的距离)的威廉姆斯扩展(Williams' expansion)可以表示为

$$\sigma_{ij}(r,\theta) = \frac{K_I}{\sqrt{2\pi r}} f_{ij}(\theta) + T\delta_{1i}\delta_{1j} + O(r^{1/2}) \tag{1-3}$$

因此,应力 T 代表平行于裂纹面的应力。应力 T 的大小影响着塑性区的大小和形状,以及裂纹尖端前面的拉伸三轴区域。对于正的应力 T,存在 J 积分主导性,单一参数 J 可用于断裂准则。对于负的应力 T,需要采用双参数方法(J,T)来描述应力场的特征。

1.3.6 关于断裂韧性的一些讨论

材料的断裂韧性在很大程度上取决于温度,一个典型的金属材料的断裂韧性随温度的变化曲线如图 1-7 所示。当温度较低时,材料的断裂韧性较低,材料表现为偏脆性的行为;当温度较高时,材料的断裂韧性较高,但是不会随温度的增高持续增高,而是存在一个上限,材料表现为偏韧性的行为;从脆性到韧性存在一个过渡区,在该过渡区内,材料的断裂韧性随温度升高有大幅升高。

典型金属的脆性-韧性转换温度范围取决于材料自身。对于许多普通的金属材料,它可能位于设计的合理操作温度范围内,因此在研究其断裂时,必须考虑断裂韧性的温度依赖性。

大量的实验表明,材料的断裂韧性 K_C 是试样厚度的函数,典型金属材料的断

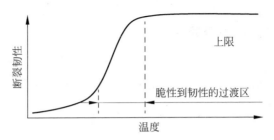

图 1-7　典型金属材料的断裂韧性随温度的变化曲线

裂韧性随试样厚度的变化曲线如图 1-8 所示。在平面应变条件下，可以给出 K_C 的实际最小值。平面应变条件下的断裂韧性通常是通过实验确定的数值。然而，如果是薄板材料的断裂研究，选择 K_C 介于平面应力和平面应变条件之间是比较合适的。

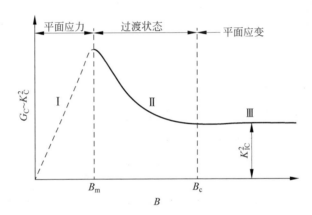

图 1-8　典型金属材料的断裂韧性随厚度的变化曲线

G_C 为材料的临界能量释放率；B 为材料的厚度；B_m 为平面应力状态转换到过渡状态的临界厚度；B_c 为过渡状态转换到平面应变状态的临界厚度

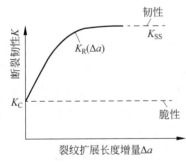

图 1-9　裂纹扩展的阻力曲线

除了温度和试样厚度，材料的断裂韧性也是裂纹扩展长度 Δa 的函数，记为 $K_R(\Delta a)$。作为裂纹扩展长度的函数的断裂韧性称为裂纹扩展的"阻力曲线"（图 1-9），其通常被用来预测裂纹扩展的稳定性。当 $\Delta a = 0$ 时，$K_R(\Delta a = 0) = K_C$。

1.3.7　裂纹扩展的稳定性

如果初始裂纹扩展导致裂纹尖端阻力的变化相对于裂纹尖端载荷的变化为负值，即使加载保持不变，裂纹也会继续扩展。此时，裂纹被定义为不稳定的；反之，则为稳定的。

当裂纹的长度为 $a+\Delta a$ 时,裂纹持续扩展的条件为

$$K_{\text{applied}} = K_{\text{R}}(\Delta a) \tag{1-4}$$

因此,裂纹稳定持续扩展的条件是

$$\left.\frac{\partial K_{\text{applied}}}{\partial a}\right|_{\text{load}} < \frac{\text{d}K_{\text{R}}}{\text{d}\Delta a} \tag{1-5}$$

1.3.8 小范围屈服

小范围屈服(small scale yield,SSY)是断裂力学中一个非常有用的概念。当裂纹尖端塑性区域的线性延伸相对于试样特征尺寸和裂纹长度很小时,裂纹尖端的应力场就被认为是材料内部的弹性力所导致的[4]。小范围屈服不是一个精确的定义,一般是指裂纹尖端的非弹性变形区域完全包含在线性弹性断裂力学渐进解所主导的区域内,因而在该区域外,线性弹性断裂力学的理论仍然适用。为了使线性弹性断裂力学理论有效,在裂纹尖端周围必须有一个环形区域,其中线性弹性力学的渐进解对完整的应力场有一个很好的近似,该区域通常称为"K 主导区",如图 1-10 所示。

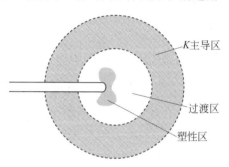

需要指出的是,断裂过渡区和塑性区的尺寸必须足够小,这样才能满足小范围屈服的条件。裂纹尖端塑性区的典型形状如图 1-11 所示。

图 1-10 裂纹尖端的区域划分示意图

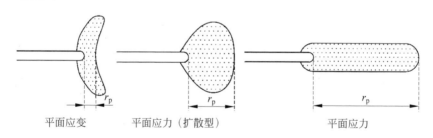

图 1-11 裂纹尖端塑性区的典型形状

设 t 为厚度,对于平面应变的情况,$r_{\text{p}} \ll t$;对于平面应力的情况,$r_{\text{p}} \gg t$。塑性区的大小可以通过在线性弹性断裂力学渐进解中设置 $\sigma_{22}=0$ 来估计。其中,σ_0 是材料的屈服应力。这就得到了裂纹尖端塑性区(Ⅰ型断裂)的大小:

$$r_{\text{p}} \approx \frac{1}{3\pi}\left(\frac{K_{\text{I}}}{\sigma_0}\right)^2, \quad \text{平面应变} \tag{1-6}$$

$$r_{\text{p}} \approx \frac{1}{\pi}\left(\frac{K_{\text{I}}}{\sigma_0}\right)^2, \quad \text{平面应力(扩散型)} \tag{1-7}$$

$$r_p \approx \frac{\pi}{8}\left(\frac{K_I}{\sigma_0}\right)^2, \quad 达格代尔模型(\text{Dugdale model}) \tag{1-8}$$

由于跨越塑性区边界的牵引力没有净力或力矩(圣维南原理,Saint-Venant principle),其对塑性区周围的弹性场的影响随与边界距离的增大迅速衰减,在约 $3r_p$ 时可以忽略。

线性弹性断裂力学预测裂纹尖端的应力是无限的——显然这是不现实的。但是,如果裂纹尖端附近的非弹性变形区域足够小,在这个区域之外有一个有限的区域,使线性弹性断裂力学的渐进解是准确的,就可以使用线性弹性断裂力学的结果。

若 a 是断裂问题中的一个特征尺度(如剩余韧带的尺寸或厚度或裂纹长度),那么,为了有一个 K 场占主导地位的有限区域(半径 r_K),需要满足以下条件:

$$a/5 > r_K > 3r_p \approx \frac{1}{2}\left(\frac{K_{IC}}{\sigma_0}\right)^2 \tag{1-9}$$

或

$$a > 2.5\left(\frac{K_{IC}}{\sigma_0}\right)^2 \tag{1-10}$$

这是 ASTM 标准 E-399 中对有效 K_{IC} 测试试样尺寸的限制。K_{IC} 是 I 型断裂中的 K_C(断裂韧性)。断裂韧性代表启动裂纹生长所需的 K 的临界值。

对于一些典型的金属材料,r_p 是通过匹配 K 场的屈服应力和米塞斯应力来计算的,最小特征长度是用 ASTM 标准极限来计算的。表 1-1 所示为典型材料的相关参数。对于具有高断裂韧性的材料,进行有效断裂试验的试样尺寸非常大。

表 1-1　典型材料的相关参数

材　　料	$T/℃$	σ_0/MPa	$K_{IC}/(\text{MN/m}^{3/2})$	r_p/mm	特征尺寸/mm
A061-T651(铝)	20	269	33	5	38
A075-T651(铝)	20	620	36	0.35	8.4
AISI 4340(钢)	0	1500	33	0.05	1.2
A533-B(钢)	93	620	200	11	260

1.3.9　断裂力学中的能量考虑

在 20 世纪 20 年代初,英国航空工程师格里菲斯(Griffith)首先应用能量原理的方法,通过一系列实验、应力分析和对先前工作的综合分析,建立了脆裂应力、裂纹尺寸和材料性质之间的定量关系,奠定了现代断裂力学的理论基础[5]。格里菲斯理论(Griffith theory)指出,当因裂纹增长而发生的势能减少大于或等于因产生新的自由表面而增加的表面能时,裂纹就会扩展。格里菲斯理论适用于以脆性方式断裂的弹性材料。

格里菲斯理论在研究断裂力学问题中发挥着重要作用,这是因为裂纹的扩展总是涉及能量的耗散。能量耗散的来源包括表面能、塑性耗散等。通过从能量的角度考虑断裂力学问题,可以从能量释放率的角度来推测裂纹扩展的准则。这种方法为前文讨论的基于 K 的断裂准则提供了另一种选择,并加强了断裂问题中全局与局部场的联系。需要强调的是,能量释放率是一个全局参数,而应力强度因子是一个局部的裂纹尖端参数。

可用于扩展裂纹的能量被定义为

$$G = -\frac{\partial(\text{PE})}{\partial a}\bigg|_{\text{loads}} \tag{1-11}$$

式中,PE 为系统的势能,G 为能量释放率。

考虑两个基本相同的试样的能量差异,一个是裂纹长度 a 的试样,另一个是裂纹长度 $a+\Delta a$ 的试样。对于弹性材料,载荷-位移曲线下的面积给出了系统的势能 $-$PE。图 1-12 给出了固定载荷和固定位移下的示意图,以及系统的势能增量。

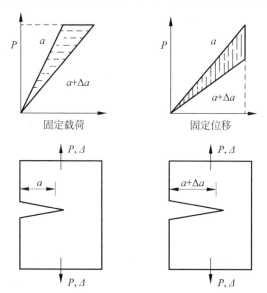

图 1-12　固定载荷、固定位移下的示意图和系统的势能增量

对于各向同性的线性弹性材料,当问题为平面应变时,有

$$G = \frac{1-\nu^2}{E}K^2 \tag{1-12}$$

当问题为平面应力时,有

$$G = \frac{K^2}{E} \tag{1-13}$$

在一般载荷下的三维体包含一个具有平滑变化的裂纹尖端线的裂纹,每单位裂纹前沿长度的能量释放率(假设材料为线性弹性的)为

$$G = \frac{1-\nu^2}{E}(K_{\text{I}}^2 + K_{\text{II}}^2) + \frac{1}{2\mu}K_{\text{III}}^2 \tag{1-14}$$

因此,可以看到应力强度因子与各向异性线性弹性材料中的无限小裂纹扩展的能量释放率直接相关。

在小范围屈服中,裂纹起始扩展的准则可以以能量释放率来表示,裂纹扩展的必要条件为

$$G \geqslant G_C \tag{1-15}$$

式中,G_C 为材料属性参数,代表每单位裂纹推进所需要的能量,用于新表面的形成、断裂过程和塑性变形。如前所述,对于线性弹性材料,G 和 K 是相关的,这就导致了裂纹扩展的另一个条件:

$$K \geqslant K_C \tag{1-16}$$

式中,K_C 为材料的断裂韧性。

1.4　非线性断裂力学

当材料的非线性变形局限于裂纹尖端附近的一个小的区域时,线性弹性断裂力学理论是适用的。对于脆性材料,它准确地确定了材料破坏的准则。然而,当裂纹扩展前的材料塑性变形区域不可忽略时,线性弹性力学理论就会有严重的局限性。非线性断裂力学试图将线性弹性断裂力学理论扩展到考虑非线性效应,该领域也被称为"弹塑性断裂力学"[6]。然而,该领域并非基于弹塑性材料模型,而是基于非线性弹性材料模型。

考虑一个具有幂律硬化行为的材料的本构模型[7]:

$$\frac{\varepsilon}{\varepsilon_0} = \alpha \left(\frac{\sigma}{\sigma_0} \right)^n \tag{1-17}$$

式中,σ_0 为材料的有效屈服应力;$\varepsilon_0 = \sigma_0 / E$ 为相关的屈服应变;E 为杨氏模量;α 和 n 为被选择来拟合材料的应力-应变数据的比例系数和指数系数,是幂律硬化的材料参数。具有幂律硬化行为的材料的应力-应变曲线如图 1-13 所示。

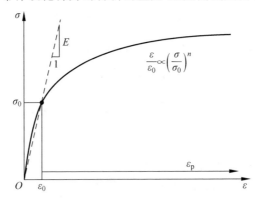

图 1-13　具有幂律硬化行为的材料的应力-应变曲线

对于具有幂律硬化行为的材料，J. W. Hutchinson、J. R. Rice 和 G. F. Rosengren 的研究[8-10]（并由 Shih[11] 扩展到混合模式加载）表明，近裂纹尖端场的应力、应变和位移的形式可以表示为

$$
\begin{cases}
\sigma_{ij} = \sigma_0 \left(\dfrac{J}{\alpha \sigma_0 \varepsilon_0 I_n r} \right)^{\frac{1}{n+1}} \tilde{\sigma}_{ij}(\theta) \\[3mm]
\varepsilon_{ij} = \varepsilon_0 \left(\dfrac{J}{\alpha \sigma_0 \varepsilon_0 I_n r} \right)^{\frac{n}{n+1}} \tilde{\varepsilon}_{ij}(\theta) \\[3mm]
u_i - \hat{u}_i = \alpha \varepsilon_0 r \left(\dfrac{J}{\alpha \sigma_0 \varepsilon_0 I_n r} \right)^{\frac{n}{n+1}} \tilde{u}_{ij}(\theta)
\end{cases}
\tag{1-18}
$$

式中，J 是 J 积分的值，也是加载的载荷参数；$u_i - \hat{u}_i$ 是相对于裂纹尖端位移的位移。上述形式通常被称为"HRR 裂纹尖端场"（简称"HRR 场"，其定义是 1968 年分别且同时由 J. W. Hutchinson、J. R. Rice 和 G. F. Rosengren 三位学者提出的，因此，采用三位学者姓名的首字母命名）。HRR 场常称为"HRR 理论"，是用 J 积分描述裂纹尖端区域应力场和形变场奇异性强度的理论。

为什么不采用弹塑性模型来构建 HRR 场呢？HRR 场假设材料满足非线性弹性幂律，在单调载荷下，这种非线性弹性材料可与用幂律精确模拟硬化行为的弹塑性材料的行为相匹配。这就允许在单调载荷作用下采用弹塑性材料裂纹尖端区域的奇异性强度来评估 J 积分时，可以采用非线性弹性幂律的材料模型。具有幂律硬化行为的材料的加卸载曲线如图 1-14 所示。

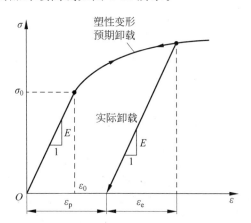

图 1-14　具有幂律硬化行为的材料的加卸载曲线

需要指出的是，在卸载的情况下，HRR 场并不能描述裂纹尖端周围的状态，因此，J 积分并不能描述塑性材料裂纹尖端前面的应力状态的强度，在以下两种情况下要谨慎使用 HRR 场：

（1）加载不是单调的，使用的是增量形式的塑性材料本构模型；

（2）在单调加载下出现裂纹扩展（此时，即使整体结构是被加载的，个别材料

点处也可能发生卸载）。

在以下两种情况下，HRR 场是可以使用的：

（1）对于具有幂律硬化行为的材料，给出了裂纹尖端周围变形的渐进扩展的前导项；

（2）不需要考虑有限应变效应的情况。

1.4.1　J 积分

J 积分是断裂力学中的一个重要的概念，由 J. R. Rice 于 1968 年提出[9]，反映了裂纹尖端由于大范围屈服而产生的应力、应变的集中程度。J 积分可以分析与速度无关的准静态断裂问题，以描述与裂纹增长有关的能量释放过程。如果材料的响应是线性的，它就可以与应力强度因子联系起来。此外，J 积分还有一个优势，即提供了一种分析非线性材料（如弹塑性材料）断裂的方法（应力强度因子 K 不能用于非线性材料）。

考虑一个二维裂纹的问题，J 积分的定义式如下：

$$J = \int_{\Gamma} \left(W n_1 - \frac{\partial u_i}{\partial x_1} \sigma_{ij} n_j \right) \mathrm{d}s \tag{1-19}$$

当在裂纹尖端周围提取轮廓线时，J 积分是独立于路径的，即不同路径下计算得到的 J 积分的值相同，因此可以选择路径为圆的曲线，便于导出场方程，如图 1-15 所示。J 积分的定义有如下假设：

（1）材料在裂纹方向上是均匀分布的；

（2）材料的力学行为是线性弹性的；

（3）对于线性弹性材料，J 积分的值等于与裂纹扩展有关的能量释放率 G，即 $J = G$。

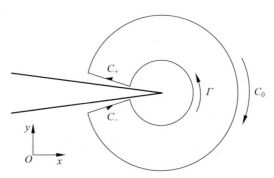

图 1-15　计算 J 积分的围道示意图

对于小范围屈服的断裂力学问题，如图 1-16 所示，选择积分路径 Γ（J 积分的轮廓线），使之完全落在 K 场占主导地位的环形区域内。此时，J 积分可以直接用（已知）K 场来评估。对于线性弹性材料中的 I 型断裂问题，可以直接计算得出：

(1) 当问题为平面应变时，J 积分的值为

$$J = G = \frac{1-\nu^2}{E} K_{1}^{2} \tag{1-20}$$

(2) 当问题为平面应力时，J 积分的值为

$$J = G = \frac{K_{1}^{2}}{E} \tag{1-21}$$

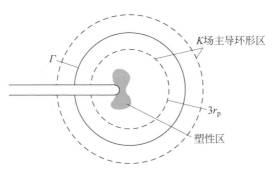

图 1-16 裂纹尖端附近的塑性区和 K 场主导区

1.4.2 裂纹尖端张开位移

历史上，确定弹塑性区域断裂韧性的第一个参数是裂纹尖端张开位移（crack tip opening displacement，CTOD）或裂纹顶点的开口。这个参数最初是由 A. A. Wells 在研究结构钢断裂的过程中独立提出的[12-13]。由于结构钢的高韧性，该过程不能用线性弹性断裂力学模型来表征。Wells 指出，在断裂发生之前，裂纹的面是张开的，而断裂后的裂纹尖端，由于塑性变形，从尖锐到圆钝不等。此外，裂纹尖端变圆的情况在韧性较好的钢中更为明显。裂纹尖端的应力水平会达到一个临界值，因此断裂是由塑性应变的多少来控制的。裂纹的扩展通过孔洞的生长和初始裂纹的合并来进行。当裂纹尖端张开位移达到材料在给定温度、厚度、应变率和周围环境条件的临界值时，裂纹将会扩展。裂纹尖端张开位移通常是以裂缝尖端为起点的两条45°线与裂缝面相交的点的距离来计算的，如图 1-17 所示。

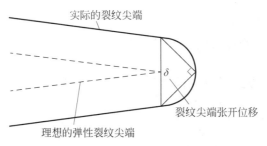

图 1-17 裂纹尖端张开位移示意图

　　随着研究工作的不断深入,研究者们提出了可以替代许多裂纹尖端张开位移的定义。在一个最常见的定义中,裂纹尖端张开位移是原始裂纹尖端和90°截距处的位移。该定义是由 J. R. Rice 提出的,通常用于推断此类有限元模型中的裂纹尖端张开位移。

　　裂纹尖端张开位移是一个适应裂纹尖端塑性的单一参数。与 J 积分等技术相比,它很容易测量。大多数实验室对裂纹尖端张开位移的测量都是在三点弯曲加载的边缘裂纹试样上进行的。早期的实验使用插入裂纹中的扁平桨状量具进行测量;当裂纹打开时,桨状量具会旋转,并将电子信号发送到 X-Y 绘图仪。然而,这种方法是不准确的,因为用桨状量具很难到达裂纹尖端。当前,人们主要通过测量裂纹口的位移 V,并通过假设试样的两半是刚性的且围绕一个铰链点(裂纹尖端)旋转来推断裂纹尖端张开位移。

　　对于平面应力条件,裂纹尖端张开位移可以通过下式计算[14-15]:

$$\delta_t = \left(\frac{8\sigma_{ys}a}{\pi E}\right) \ln \left[\sec \left(\frac{\pi\sigma^\infty}{2\sigma_{ys}} \right) \right] \tag{1-22}$$

式中,σ_{ys} 为材料的屈服应力,a 为裂纹长度,E 为杨氏模量,σ^∞ 为远程加载的应力。

　　裂纹尖端张开位移也可以用应力强度因子 K 来表示[16]:

$$\delta_t = \frac{4}{\pi} \frac{K^2}{m\sigma_{ys}E} \tag{1-23}$$

式中,σ_{ys} 为材料的屈服应力,E 为杨氏模量,$m=1$ 为平面应力条件,$m=2$ 为平面应变条件。

1.4.3　关于 HRR 场的一些讨论

　　HRR 场是以 J 积分来描述近裂纹尖端场的,J 积分给出了任何幂律材料(非线性弹性或塑性)中近裂纹尖端奇异点的强度。而在线性弹性断裂力学中,应力强度因子 K 在线性弹性材料中起这个作用。

　　基于 J 积分的断裂力学的应用方式与线性弹性断裂力学基本相同。当 J 积分达到一个临界值时,裂纹就开始扩展,即裂纹的扩展条件为

$$J \geqslant J_C \tag{1-24}$$

式中,J_C 为临界 J 积分的值。为了应用 HRR 场理论,必须确保裂纹尖端场满足 J 主导性的条件,J 主导性的详细描述见 1.4.4 节。

1.4.4　裂纹尖端的 J 主导性

　　J 主导性是指 J 积分可以作为预测材料断裂的方法的情况。一般来说,当裂纹尖端前方存在高三轴张力状态(高三轴性)时,J 积分是一种充分的表征。裂纹尖端前方的高应力三轴度会导致断裂韧性较低。例如,良好的小范围屈服状态(塑性区被弹性区包围)或含有深度缺口的弯曲试样,如图 1-18 所示。

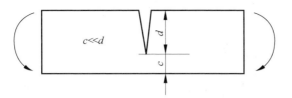

图 1-18 含有深度缺口的弯曲试样

在某些情况下,裂纹尖端的应力场并不表现出高的应力三轴度。例如,

(1) 大规模的屈服(塑性区延伸到整个结构的自由边界),如图 1-19 所示;

(2) 拉伸载荷下单边裂纹试样的完全塑性流动;

(3) 弯曲载荷下的浅层裂纹;

(4) 中心开裂的面板。

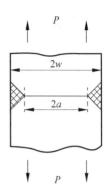

1.4.5 过渡缺陷尺寸

图 1-19 大规模的屈服(塑性区延伸到整个结构的自由边界)示意图

众所周知,材料同时具有屈服强度 σ_Y 和断裂韧性 K_{IC}。基于断裂力学,当材料的应力达到 $\sigma_{fail} = K_{IC}/\sqrt{\pi a}$ 时,材料将失效。基于塑性力学,当材料的应力 $\sigma_{fail} = \sigma_Y$ 时,材料将发生屈服失效。因此,可以画出材料的失效应力水平随裂纹长度变化的两条曲线,如图 1-20 所示。当 $a = K_{IC}^2/\pi\sigma_Y^2$ 时,两条曲线相交。此处的 a 被称为"过渡缺陷尺寸"a_t,它取决于结构的材料特性。当 $a < a_t$ 时,材料的失效受塑性屈服的支配;而当 $a > a_t$ 时,材料的失效受断裂力学的支配。常见工程合金的 a_t 为 100mm,陶瓷的 a_t 为 0.001mm。如果假设制造过程可以产生微米级的缺陷,那么可以看出,陶瓷材料更有可能通过发生断裂而最终导致结构失效,而工程合金材料更有可能通过塑性变形而导致结构失效。

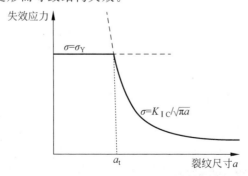

图 1-20 失效应力与裂纹尺寸的关系

a 为裂纹尺寸;2σ 为失效应力;σ_Y 为材料的屈服强度;a_t 为过渡缺陷尺寸

1.5 混合模式断裂

在实际情况中,结构不仅受到拉伸载荷,也受到剪切载荷和扭转载荷,从而发生混合模式断裂。例如,在拉伸载荷和剪切载荷混合作用下的裂纹会呈现裂纹分岔和弯曲扭结。对于裂纹分岔的混合模式,需要根据初始裂纹和分岔裂纹尖端周围的应力场进行分析,从而确定混合模式断裂的应力强度因子。

在一般载荷下,几乎所有关于裂纹扩展方向的理论都假设或预测裂纹的持续扩展条件为 $K_{\text{II}}=0$。可以假设宏观裂纹在连续转弯的切线方向上扩展,裂纹的曲率将以这样的方式演变,以保持对载荷的响应。如果裂纹是直线向前推进的,大概率是在 I 型断裂条件下。如果载荷的变化使局部裂纹尖端的应力场经历了局部应力强度的巨大变化,就会发生混合模式的断裂。

对于均质、各向同性的线性弹性材料,研究者们已经提出了不同的裂纹扩展方向的准则,典型的包括:①最大切向应力(maximum tangential stress criterion,MTS)准则,②最大能量释放率(maximum energy release rate criterion,MERR)准则,③$K_{\text{II}}=0(K\text{II}0)$准则。尽管这三种准则都意味着 $K_{\text{II}}=0$ 的裂纹扩展方向,但它们预测的裂纹起始角度略有不同,如图 1-21 所示。

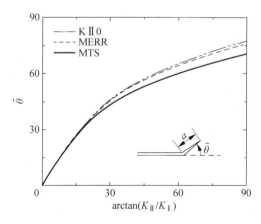

图 1-21　三种准则下不同比例的 $K_{\text{II}}/K_{\text{I}}$ 的裂纹扩展方向的预测比较

1.6 界面断裂力学

许多工程应用中都涉及黏合材料,例如,黏合的接头、保护性涂层、复合材料层间黏合等。断裂力学工程师必须能够预测材料界面黏接的强度,对此,界面断裂力学提供了一种方法,通过扩展线性弹性断裂力学理论来预测两个线性弹性材料间界面的断裂行为。

两种材料中的界面裂纹示意图如图 1-22 所示。裂纹在各向异性的均质材料中的扩展通常会以张开模式进行，也就是以Ⅰ型断裂的模式扩展。位于界面上的裂纹可以在Ⅰ型断裂的条件下脱离界面并继续扩展，也可以在混合模式的条件下沿着界面扩展。裂纹以哪种形式扩展，通常是通过能量来确定的。

如果裂纹在界面上扭结（脱离界面，向其中一侧的材料内部扩展），那么界面只对应力场和应变场有重要影响。如果裂纹沿着界面扩展，它将在材料不对称导致的混合模式条件下扩展，并且可能（尽管不一定）在混合远程载荷条件下沿界面扩展（此时裂纹扩展方向可能始终垂直于载荷方向）。在这种情况下，裂纹生长的条件取决于界面特性。根据传统的断裂韧度 K_C 来定义裂纹的起始和扩展准则是不够的。具体来说，$K_C = K_C(\psi)$，韧性在很大程度上取决于模式的混合度 ψ。

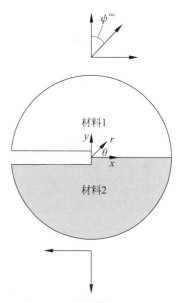

图 1-22 两种材料中的界面裂纹

对于两种线性弹性材料，二者之间的界面裂纹的裂尖渐近应力场可以由以下公式给出：

$$\sigma_{ij} = \mathrm{Re}\left\{ \frac{K^*}{\sqrt{2\pi r}} r^{i\varepsilon} \tilde{\sigma}_{ij}(\theta, \varepsilon) \right\} \tag{1-25}$$

式中，$K^* = K_1 + iK_2$ 是复数应力强度因子（有实部和虚部），是角度和材料失配参数 ε 的复数函数：

$$\varepsilon = \frac{1}{2\pi} \log \frac{1-\beta}{1+\beta} \tag{1-26}$$

式中，

$$\beta = \frac{\mu_1(\kappa_2 - 1) - \mu_2(\kappa_1 - 1)}{\mu_1(\kappa_2 + 1) + \mu_2(\kappa_1 + 1)} \tag{1-27}$$

$$\kappa = \begin{cases} \dfrac{3-\nu}{1+\nu}, & \text{平面应力} \\ 3 - 4\nu, & \text{平面应变、轴对称、3D} \end{cases} \tag{1-28}$$

越接近裂纹的尖端，应力和裂纹开口的位移越会剧烈振荡。在裂纹尖端前方的一段距离，应力场会稳定下来，应该在这一点上考察断裂准则是否满足。只要这一点在不同试样中的位置相同，断裂准则就是有效的。

第 2 章

裂纹显式建模和模拟

第 2 章图片和程序

2.1 裂纹建模技术概述

2.1.1 裂纹显式建模的两种方式

通过有限元进行裂纹的显式建模和模拟有两种典型的方式：尖锐的裂纹和钝化的裂纹，下面分别对其特征和建模方式进行阐述。

（1）尖锐的裂纹

尖锐的裂纹的初始裂纹尖端附近的裂纹宽度为 0，此时裂纹是"锐"的，其建模方式通常应用于小应变分析中，需要考虑裂纹尖端的奇异性行为。在 ABAQUS 中，使用接缝几何结构（seam geometry）对尖锐的裂纹进行建模和模拟，如图 2-1（a）所示。

（2）钝化的裂纹

钝化的裂纹的初始裂纹尖端附近的裂纹宽度为有限值，此时裂纹是"钝"的，其建模方式通常应用于有限应变分析中，此时，裂纹尖端是非奇异的。在 ABAQUS 中，使用开放几何体对钝裂纹进行建模，即显式地画出裂纹的几何形状。例如，在试样中添加一个椭圆形的缺口，如图 2-1（b）所示。

2.1.2 裂纹尖端附近的网格要求

裂纹的尖端会发生应力集中现象，当不断接近裂纹尖端区域时，应力和应变梯度很大。因此，必须在裂纹尖端附近细化有限元网格，以获得准确的应力和应变。

需要指出的是，对于线性弹性断裂力学，积分能量的测量对网格密度的要求不高。也就是说，即使由裂纹尖端的网格不够密导致计算得到的局部应力和应变场

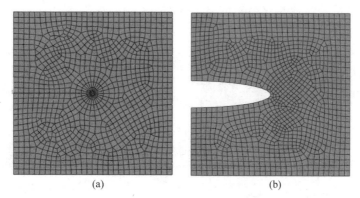

图 2-1 在 ABAQUS 中的两种裂纹的显式建模方式

（a）尖锐的裂纹；（b）钝化的裂纹

不太准确，也可以通过该稀疏网格下的计算结果获得准确的 J 积分，这也是 J 积分的优势之一。

而对于塑性或橡胶弹性材料，其裂纹尖端附近的行为非常复杂，必须仔细模拟裂纹尖端区域，包括裂纹尖端附近的应力和应变场，以给出准确的计算结果。因此，裂纹尖端附近的网格必须划分得足够细。

2.1.3　小应变分析中裂纹尖端的奇异性

对于小应变分析中的网格收敛性，必须考虑裂纹尖端的奇异性。如果裂纹尖端的网格包含奇点，则 J 积分的值比不包含奇点时更精确。如果考虑奇异性，那么裂纹尖端局部的应力和应变场需要更精确的模拟。

在小应变分析中，应变奇异性和材料的本构模型有关：

（1）对于线性弹性材料模型，有 $\varepsilon \propto r^{-1/2}$；

（2）对于理想塑性材料模型，有 $\varepsilon \propto r^{-1}$；

（3）对于幂律（power-law）硬化的材料模型，有 $\varepsilon \propto r^{-n/(n+1)}$（其中，$n$ 为硬化幂指数）。

2.2　二维空间中的尖锐裂纹的建模方法

在二维模型中，将裂纹建模为部分或全部嵌入面内的内部边，这种建模方法称为"接缝裂纹"（seam crack），沿接缝的边缘将具有重复的节点，这样边缘相对侧的单元将不会共享节点，从而可以发生分离。通常，整个二维部件都通过四边形或以四边形为主的网格进行划分。

在裂纹尖端插入一个三角形环单元层和同心层结构的四边形单元层。在该环向区域中的所有三角形单元必须是退化的四边形单元，以模拟裂尖的奇异性。

图 2-2 给出了含有接缝裂纹结构的整体和裂纹尖端的局部视图,可以直观地看到上文所述的单元划分方式。

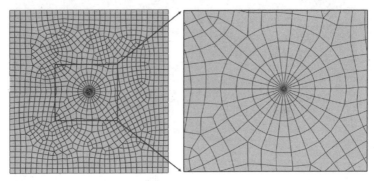

图 2-2 含有接缝裂纹结构的整体和裂纹尖端的局部视图(包含网格划分)

2.2.1 二维板中的倾斜裂纹建模

本节通过一个二维板中的倾斜裂纹的建模来展示如何显式地建立一个二维的裂纹。在 ABAQUS/CAE 中,通过 Interaction 模块的 Special 菜单下的 Crack 选项定义接缝裂纹,如图 2-3(a)所示,图中的数字代表操作步骤。接缝将沿选择的内部边生成重复的节点,定义的接缝裂纹如图 2-3(b)所示。需要指出的是,如果要使用接缝裂纹的建模方法对其定义,部件在组装时必须是独立的(independent)。

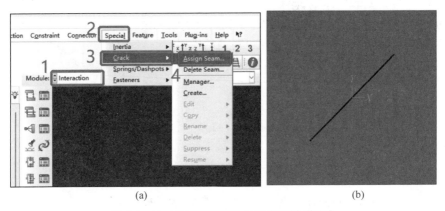

(a)   (b)

图 2-3 在 ABAQUS/CAE 中定义接缝裂纹 *

(a) 通过 Interaction 模块的 Special 菜单下的 Crack 选项定义接缝裂纹;(b) 定义好的接缝裂纹

在定义了接缝裂纹后,还必须指定两个重要的参数:①裂纹前缘和裂纹尖端;②垂直于裂纹面的方向或裂纹前进的方向。其中,裂纹前进的方向也称为"q 向量"。上述参数的定义方法如图 2-4 所示。

---

* 本书中的软件截图界面均是在 Windows 10 系统下启动的 ABAQUS 2020 版的软件界面。

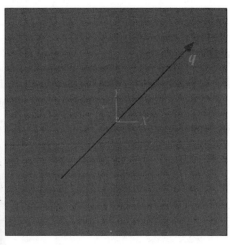

图 2-4　定义裂纹前缘、裂纹尖端和扩展方向的方法

需要指出的是,对于通过几何实例建模的部件(part),裂纹前缘的区域通常是几何端点(vertex)、几何边(edge)或几何面(face),裂纹尖端的区域通常是几何端点(vertex);而对于通过孤立网格建模的部件,其裂纹前缘的区域通常是网格节点(node)、单元边(element edge)或单元面(element face),裂纹尖端的区域通常是网格节点(node)。

2.2.2　二阶四边形单元模拟裂纹尖端奇异性

众所周知,裂纹的尖端具有奇异性。在 ABAUQS 中,可以通过二阶四边形单元(含有 8 个节点)的等参元捕捉裂纹尖端的奇异性,具体的方法如下:

(1) 折叠二阶四边形单元的一侧(例如,由节点 a、b 和 c 组成的一侧),使这一侧的所有三个节点在裂纹尖端具有相同的几何位置;

(2) 将连接到裂纹尖端的侧面上的中间节点移动到距离裂纹尖端最近的 1/4 位置处。

上述两个过程的示意图如图 2-5 所示。

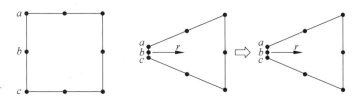

图 2-5　二阶四边形单元退化为裂纹尖端奇异单元的示意图

右边两图的节点 a、b 和 c 在同一个位置

如果图 2-5 中的节点 a、b 和 c 可以独立移动(三个节点只占有相同的位置,但是相互之间没有约束关系),则该单元的应变场满足

$$\varepsilon \rightarrow \frac{A}{r} + \frac{B}{\sqrt{r}}, \quad r \rightarrow 0 \tag{2-1}$$

注意,上式在折叠单元中的所有位置均成立。

如果节点 a、b 和 c 被约束在一起移动(此时,三个点为同一个点),则式(2-1)中的 $A=0$,应变和应力为平方根奇异值(适用于线性弹性材料)。

如果节点 a、b 和 c 可以自由独立移动,且中间侧节点仍位于中间位置(不将中间节点移动到 1/4 位置处),则式(2-1)中的 $B=0$,对应于完全塑性材料的情况。对于线性弹性和完全塑性(大多数金属)之间的材料,奇异性介于上述两种情况之间。

在 ABAQUS/CAE 中设置裂纹尖端奇异性($r^{-1/2}$ 和 r^{-1} 奇异性)的方法和对应单元的节点连接关系如图 2-6 所示。

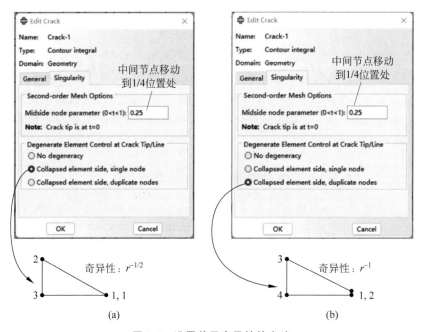

图 2-6　设置单元奇异性的方法

(a) 裂纹尖端的两个节点合并成了一个节点,裂纹尖端的奇异性为 $r^{-1/2}$;

(b) 裂纹尖端的两个节点是独立的,裂纹尖端的奇异性为 r^{-1}

此外,需要指出的是,上述奇异点的控制方法(如移动到单元边的 1/4 位置处)不能应用于孤立网格(orphan mesh)模型。对于孤立网格模型,只能使用网格编辑工具(edit mesh)手动调整中间节点的位置,达到构造奇异单元的目的。如图 2-7 所示。

如果单元的侧面未折叠,但与裂纹尖端连接的单元侧面上的中间节点移动到

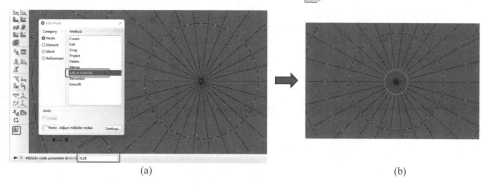

(a)　　　　　　　　　　　　　　　　　　(b)

图 2-7　使用网格编辑工具调整孤立网格的奇异性

（a）调整方法；（b）调整后的结果

1/4 位置处,则应变沿单元的边缘呈平方根分布,但在单元的内部不呈平方根分布,如图 2-8 所示。此时,在处理裂纹尖端奇异性方面,这种处理后的单元比没有奇异性的单元好,但不如折叠单元好。

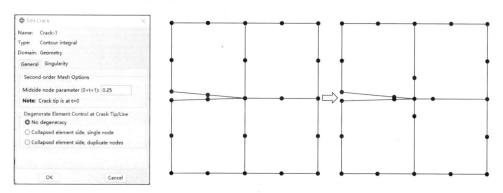

图 2-8　没有折叠单元边,但是移动中间节点到 1/4 位置的单元设置和单元节点示意图

2.2.3　裂纹尖端网格的周向分辨率

要解决裂纹尖端周围应变场的角度依赖性(应力场会随周向角度的变化而变化)需要足够多的单元,如果裂纹尖端周围的典型单元对边的端角在 10°(准确的)～22.5°(中等准确的),则线性弹性断裂力学理论可获得合理的结果,如图 2-9 所示。如果材料是非线性的,则需要更细的周向网格划分。

2.2.4　一阶四边形单元模拟裂纹尖端奇异性

用一阶四边形单元模拟裂纹尖端奇异性的方法与二阶单元类似,可通过折叠一阶四边形单元的两个相邻的独立节点来实现,则裂纹尖端的奇异性为

$$\varepsilon \to \frac{A}{r}, \quad r \to 0 \tag{2-2}$$

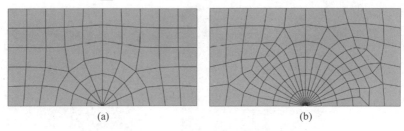

图 2-9　一个裂纹尖端附近的网格划分

(a) 周向网格较少,端角为 22.5°;(b) 周向网格较多,端角为 10°

需要注意在周向上要有足够多的网格

用一阶四边形单元模拟裂纹尖端奇异性的方法示意图如图 2-10 所示。将单元的一条边上的两个节点移动到同一位置(重叠但不合并),得到退化的一阶四边形单元,具有 -1 次方的奇异性。

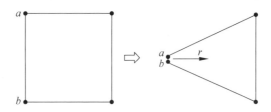

图 2-10　用一阶四边形单元模拟裂纹尖端奇异性的方法示意图

在 ABAQUS 中,若要启用退化的四边形网格,必须在裂纹尖端周围创建扫掠(sweep)网格区域(使用分区来指定网格的划分方式),这里以含有中心斜裂纹的尺寸为 50mm×100mm 的矩形板的单轴拉伸为例,裂纹的倾斜角为 45°,裂纹的长度为 42.43mm。矩形板的材料参数为,杨氏模量 $E=210\mathrm{GPa}$,泊松比 $\nu=0.3$,采用平面应变单元 CPE8R 进行模拟。扫掠网格控制如图 2-11 最左边的圆形区域所示,在该区域中指定扫掠网格划分方式,并指定以四边形为主(quad-dominated)的网格控制方式。通过分区控制进行裂纹尖端附近的网格划分,网格划分方法和划分结果如图 2-11 所示。

含有中心斜裂纹的矩形板在单轴拉伸载荷作用下(模拟中,将模型下边界的 Y 方向固定,给定了上边界的 Y 方向的位移为 1.0mm)的模拟结果和局部的网格变形视图如图 2-12 所示,在外部拉伸载荷的作用下,裂纹张开了,在裂纹尖端附近可以观察到明显的应力集中现象,裂纹尖端附近的应力梯度较大,局部加密网格可以较好地描述裂纹尖端附近的高应力梯度。

本例模型的 CAE 文件和 INP 文件分别为 centerObliqueCrack-mesh-sweep.cae[*] 和 centerObliqueCrack-mesh-sweep.inp。

---

[*] 本书中所有 CAE 文件的版本均为 ABAQUS 2020 版,可以使用 ABAQUS 2020 版及其之后的版本打开。

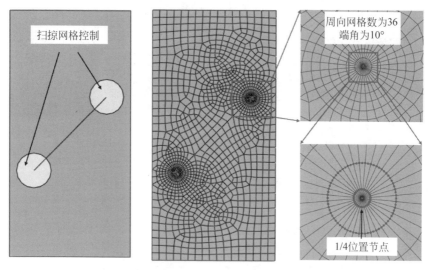

图 2-11　通过分区控制进行裂纹尖端附近的网格划分方法

图 2-12　含有中心斜裂纹的板在单轴拉伸下的模拟结果和局部的网格变形视图（变形放大了
10 倍）

2.3　三维尖锐裂纹的建模方法

在三维空间中，接缝裂纹被建模为一个三维的曲面，该曲面的一部分或全部被嵌入三维实体。此时，可以通过分割或使用切割（布尔）操作来完成。沿着接缝的面将有重复的节点，这样裂纹的两个表面的单元将不会共享节点。必须沿裂纹的前沿创建楔形单元。一般来说，裂纹附近需要通过分割和特定的设置来划分网格，如图 2-13 所示。

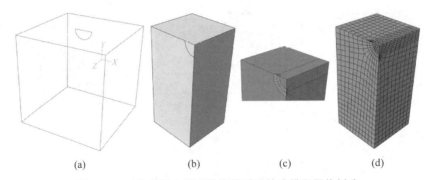

(a)　　　　　　　(b)　　　　　　(c)　　　　　　(d)

图 2-13　三维空间中硬币形接缝裂纹的建模和网格划分

（a）硬币形裂纹：全模型；（b）硬币形裂纹：1/4 模型；（c）局部楔形网格；（d）1/4 模型整体网格

　　三维空间中的接缝裂纹的裂纹前沿和裂纹线的定义界面设置如图 2-14 所示，包括设置裂纹的前沿（裂前）、裂尖线和裂纹法向。对于三维空间问题，裂纹的前沿是一个三维空间内的区域（cells），裂尖线是三维空间中的曲线，裂纹法向是裂纹面的法线方向。在三维空间中，可以指定裂纹平面的法线方向或虚拟裂纹的扩展方向（q 向量）。指定裂纹平面的法线方向只适用于平面裂纹的问题，对于非平面的裂纹，需要通过 q 向量来定义裂纹的法向。然而，对于几何实例模型，只能定义一个 q 向量。因此，如果空间曲面裂纹较为复杂，仅通过一个 q 向量无法准确定义裂纹的扩展方向，就需要在孤立网格下设置多个 q 向量。

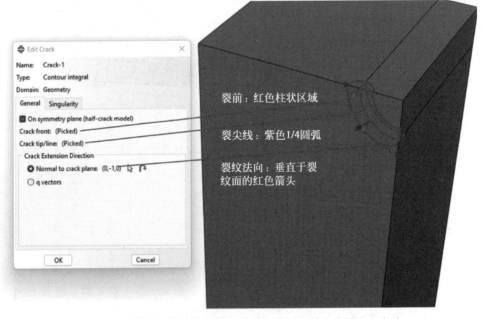

图 2-14　三维空间中的接缝裂纹的裂纹前沿和裂纹线的定义方法

2.3.1 三维空间裂纹的尖端奇异性建模

在三维空间中,可以通过折叠 20 个节点的单元(C3D20(RH))和 27 个节点的单元(C3D27(RH))的一个面,来实现对裂纹尖端奇异性的模拟,从而创建裂纹尖端奇异场。具体的方法与二维空间的情况类似,主要包括折叠面和移动中间节点到单元边的 1/4 位置处,折叠 C3D20(RH)单元的一个面以实现对裂纹尖端奇异性的模拟的示意图如图 2-15 所示。

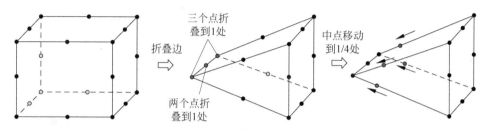

图 2-15 折叠 C3D20(RH)单元的一个面以实现对裂纹尖端奇异性的模拟

经过上述折叠处理后,单元内部的应变场、应力场的奇异性与折叠的面上的节点是否有约束关系、是否将中间节点移动到单元边的 1/4 位置处有关,不同情况下,应变场和应力场的奇异性不同,如图 2-16 所示。

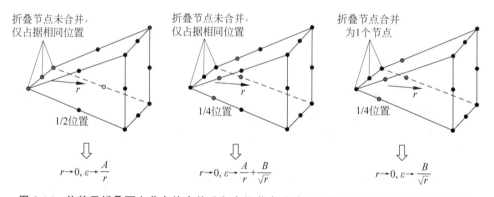

图 2-16 依赖于折叠面上节点约束关系和中间节点移动位置的单元内部应变场和应力场的奇异性

对于 20 个节点的六面体单元(C3D20(RH))的中平面,如果在中平面上折叠面的两个节点可以独立位移,那么在中面上(单元内部)的奇异性为 $\varepsilon \propto r^{-1}$。如果在每个平面上沿裂纹线只有一个节点(折叠的节点不能独立移动),那么在两条边上的奇异性为 $\varepsilon \propto r^{-1/2}$,如图 2-17 所示。在这两种情况下,中间平面上的插值与边缘平面上的插值是不一样的。这通常会导致模拟得到的沿裂纹线的 J 积分的值出现局部振荡。

折叠 C3D27(RH)单元的一个面以实现对裂纹尖端奇异性的模拟(图 2-18)。在

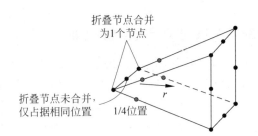

图 2-17 不协调的奇异单元示意图

这个 27 个节点的六面体单元的中间平面上,所有额外节点都在单元的面上。需要注意的是,在折叠的过程中,单元面中间的节点也需要折叠,在将中间节点移动到1/4 位置处的过程中,单元面中间的节点也需要移动。

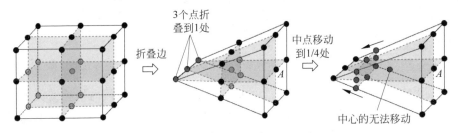

图 2-18 折叠 C3D27(RH)单元的一个面以实现对裂纹尖端奇异性的模拟

如果把所有中面节点和中心点节点都包括在内,并与中面节点一起移动到1/4 点,可以使奇异性在边缘平面与中面相同。ABAQUS 不允许中心节点从单元的几何中心点移动。因此,中平面上的行为永远不会与边缘平面上的行为相同。这通常会导致裂纹场沿裂纹线产生一些小的振荡。标记为"A"的中面节点经常被省略。这就造成了中面和边缘平面之间的插值差异,从而导致裂纹尖端场的进一步振荡。不过,这些振荡在大多数情况下是轻微的,可以忽略不计。

2.3.2 半无限大空间中的锥形裂纹建模

本节聚焦于一个无限的半空间中的锥形裂纹,这里只考虑与几何模型有关的方面。主要的建模过程如下:

(1) 由于对称性,只需要创建一个 1/4 的模型,如图 2-19(a)所示。半无限大空间通过一个 300mm×300mm×300mm 的有限空间,外围三个面加上无限元来模拟,在两个对称面上施加对称边界条件。锥形裂纹如图 2-19(b)所示,其锥角为45°,上边缘的环形线的半径为 10mm,锥面的母线长度为 15mm。

(2) 合并基体和锥形裂纹面

创建定义接缝和裂纹所需的边缘和表面。合并基体(六面体)和锥形裂纹面这两个部件以创建一个新的部件,并自动生成几个对应的实例,原有的两个实例被禁

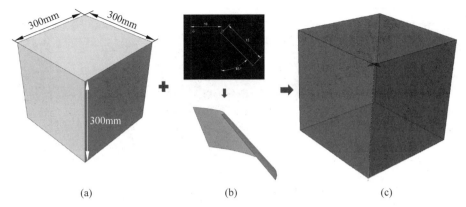

图 2-19　半无限大空间中的锥形裂纹面

(a) 采用一个大的块体来模拟半无限大空间；(b) 1/4 锥形裂纹面；(c) 裂纹面装配到块体中

用(suppress)了。需要指出的是，新的实例(instance)必须是独立(independent)装配的，并且在合并的时候，需要保留两个部件的边界。合并基体和锥形裂纹面的示意图如图 2-20 所示。

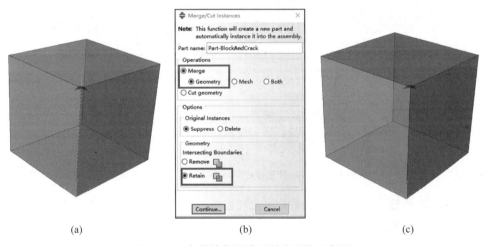

图 2-20　合并基体和锥形裂纹面的示意图

(a) 合并前的两个部件；(b) 合并操作界面；(c) 合并后成为一个部件并保留边界

（3）定义裂纹和裂纹前缘

定义裂纹和裂纹前缘的方式如图 2-21 所示，对于几何体，只能定义一个 q 向量。如果需要定义多个 q 向量，可以在建模过程结束后，通过编辑孤立网格来调整和定义。

（4）通过分割部件进行网格划分

通过分割(partition)选项来分割裂纹前沿周围的区域，以允许大部分区域可以采用结构化的网格划分方式。在裂纹尖端的中心有一个小的弯曲的管状区域；

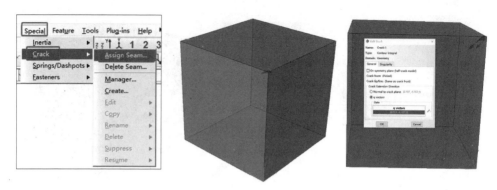

图 2-21　定义裂纹和裂纹前缘示意图

这个区域用单层的楔形单元进行网格划分。通过沿着管状区域的长度方向设置扫掠网格来实现这种网格划分,如图 2-22 所示。

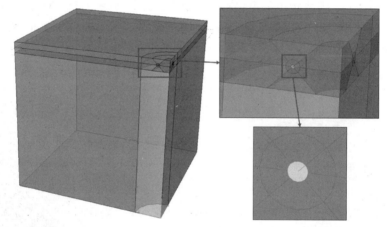

图 2-22　通过沿着管状区域的长度方向设置扫掠网格来实现三维空间中复杂裂纹尖端的网格划分

扫掠网格技术是通过横截面来扫掠网格的。对于弯管来说,意味着扫掠网格的方向是沿其长度方向的。为了让 ABAQUS 在裂纹尖端自动创建一个聚焦的网格,需要在圆周上扫掠。为了解决这个问题,使用两个同心管(通过切割部件获得);较小的一个用单层楔形单元进行网格划分(然后沿管子的长度扫掠,如图 2-23(a)所示)。如果只创建一个弯曲的管子,裂纹尖端周围的网格将是任意的(没有创建楔形单元,如图 2-23(b)所示)。

（5）网格划分

指定适当的网格种子(网格尺寸),在裂纹周围创建一个集中的网格以使网格变形最小,并通过设置裂纹尖端附近单元的边的中点偏移位置,实现裂纹尖端奇异性的描述,操作界面设置和划分的网格如图 2-24 所示。图中的 0.25 代表裂纹尖端附近单元边的中点平移到 1/4 位置处。

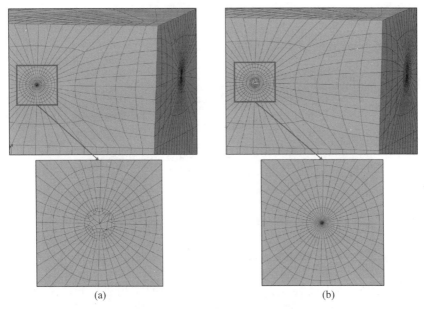

图 2-23 管状裂纹区域的网格划分细节

（a）创建两个同心管道，管状区域采用楔形单元；（b）只创建一个弯曲的管道，管状区域不采用楔形单元

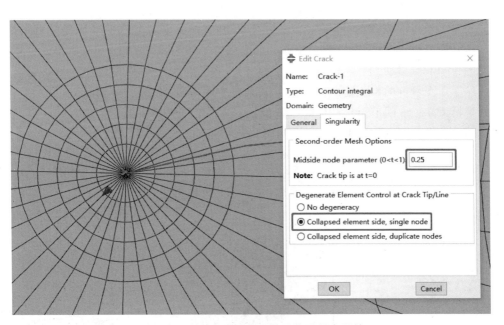

图 2-24 对管状裂纹区域的网格设置奇异性

（6）调整 q 向量

如前所述，对于几何部件来说，只能定义一个 q 向量。如图 2-25 所示，被定义的 q 向量只在裂纹线的左端是准确的。然而，单个 q 向量可以在孤立网格上定义。

因此，要么创建一个网格部件（在 Mesh 模块），要么在几何部件进行网格划分后，写一个 INP 文件并重新导入模型到 ABAQUS/CAE 中编辑。后一种方法的优点是可以保留属性的定义（如集合和载荷的定义等）。

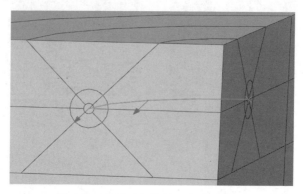

图 2-25   基于几何体的 q 向量的定义

为了利用 INP 文件的定义方法，在写入 INP 文件之前可以先定义一个包含圆锥区域的集合（set），然后在操作孤立网格时，就能够轻松地根据这个集合创建一个显示组（display group）并进行后续的操作。对于孤立网格，可以分别独立地调整每个节点上的 q 向量。

对于所有的单元，如果单元的边是直的，则裂纹尖端奇异性的模拟是最佳的。在三维模型中，垂直于裂纹线的单元的面必须是平的。如果不是平的，当单元的边上的中间节点移动到 1/4 位置处时，单元的一些积分点上的雅克比矩阵就可能是负的。一个可行的修正这个问题的方式是将中间节点不完全移动到 1/4 位置处，而是稍微靠近中间节点一些（如 3/10 位置处）。图 2-26 给出了一个锥形裂纹模型在不同的中间节点位置下的网格划分和网格质量的检测结果。

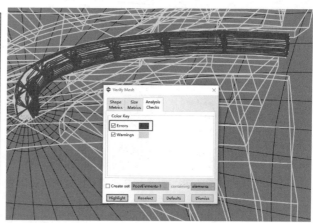

图 2-26   锥形裂纹模型的网格划分和网格质量的检测结果

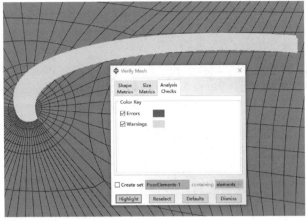

图 2-26 （续）

本例模型的 CAE 文件为 conicalCrackInHalfSpace. cae。

2.4 裂纹尖端的有限应变分析

2.4.1 有限应变分析

在正常情况下,奇异单元不应该用于有限应变分析。如果需要对裂纹尖端附近进行细致准确的分析,网格必须足够密以模拟裂纹尖端附近非常高的应变梯度。即使只需要 J 积分的信息,裂纹尖端周围的变形也可能主导裂纹尖端区域的解。因此,仍然需要足够密的网格以模拟足够的细节,从而避免数值问题的产生。

物理上,裂纹尖端不是完美尖锐的,尖锐裂纹的模拟方法很难获得这样物理的结果。因此,作为替代,采用钝的缺口来模拟裂纹尖端,通常缺口的半径约为 $10^{-3} r_p$。r_p 为塑性区的尺寸,在第 1 章中已经讨论过了。在载荷的作用下,缺口必须足够小,缺口变形后的形状不再依赖原始的几何。

2.4.2 钝口裂纹的几何模拟

在二维条件下,钝口裂纹的几何可以通过一个具有一定厚度(或一定形状)的切口来模拟。网格的划分与普通的无裂纹的有限元模型相同,裂纹尖端需要划分非常细密的网格(可以通过在裂尖附近赋予非常小的网格尺寸来实现)以获得更多的细节和更高的精度,如图 2-27 所示。

在三维条件下,ABAQUS/CAE 可以有如下两种方式来创建张开的裂纹:

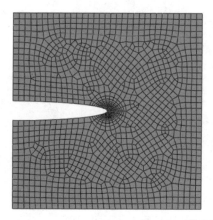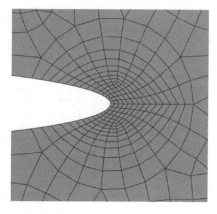

图 2-27   钝口裂纹的尖端网格划分

①在 Part 模块中添加一个切割特征；②先将原始部件和裂纹分别组装,通过布尔运算切掉裂纹的部分。

需要指出的是,这种模型很难全部采用六面体网格进行划分,因为当模型包含裂纹后,部件在几何上是不规则的。并且,如果想在裂纹尖端附近加密网格,需要辅助一些部件的切割操作(partition)。此外,为了保证计算的精度,缺口周围的单元尺寸必须小于或等于缺口半径的 1/10 左右。

对于 J 积分的计算和评估,钝缺口的表面区域必须被用来定义裂纹前缘。为了使 J 积分和 Ct 积分是路径无关的,裂纹表面必须互相平行(或者平行于对称面)。如果缺口半径收缩为 0,则所有节点将汇集到裂纹尖端。如果网格非常稀疏,靠近裂纹尖端的积分点距离裂纹尖端相对很远,大部分有限应变区域的细节将会丢失。然而,如果模拟的是尖锐的裂纹,精确的 J 积分仍然可以获得。

2.5   裂纹的对称性

如前所述,定义裂纹的主要要求包括两个方面:①定义裂纹的前缘;②定义裂纹的扩展方向。

如果裂纹位于一个对称的平面上,此时为了提高模型的计算效率,可以只对一半的结构进行建模和模拟。除了相关的载荷和对称边界的设置,还需要对裂纹进行额外的对称性设置,以满足断裂相关参数计算的准确性。需要注意的是,此功能只适用于Ⅰ型断裂问题,因为只有此类问题是满足对称性条件的。具体可以在 ABAQUS/CAE 中通过如图 2-28 所示的界面设置实现对称模型中的裂纹对称性建模。

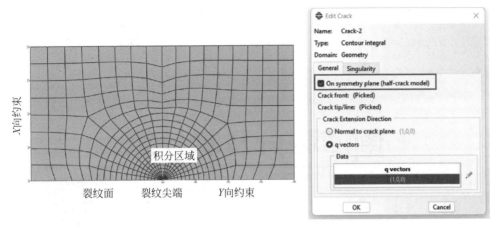

图 2-28　具有对称面的裂纹的对称性设置

2.6　裂纹三维扫掠网格的局限性

对于曲折的区域,无法直接生成楔形有限元网格,为了创建一个高质量的网格以准确计算应力强度因子和 J 积分,可以在关注的区域内嵌入一个小的管状区域(通过切割操作得到)。在该区域内划分一层楔形网格,并在外围的区域划分六面体网格即可。上述设置如图 2-29 所示。

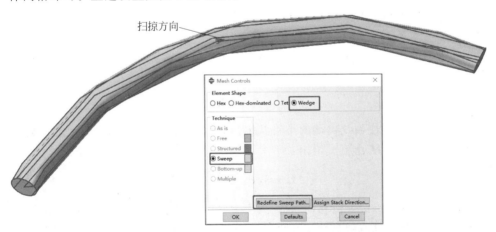

图 2-29　在裂纹尖端周围切割一个管状区域并进行楔形网格划分的设置

第 3 章

围道积分及其计算

3.1　围道积分的计算概述

在数学中,曲线积分是积分的一种,其积分函数的取值不再是数值的区间,而是沿着特定的曲线进行积分,该曲线称为"积分路径"。当积分路径为闭合曲线时,曲线积分称为"围道积分"或"环路积分"。在断裂力学中,围道积分有非常广泛的应用,前述的 J 积分和 Ct 积分等,都是典型的围道积分。

J 积分通常用于速率独立的准静态断裂分析,以表征与裂纹生长相关的能量释放。如果材料响应是线性的,它就与应力强度因子相关。J 积分是根据与裂纹推进相关的能量释放率定义的。对于三维断裂中的虚拟裂纹推进 $\lambda(s)$,能量释放率如下:

$$J = \int_A \lambda(s) \boldsymbol{n} \boldsymbol{H} \boldsymbol{q} \, \mathrm{d}A \tag{3-1}$$

式中,$\mathrm{d}A$ 为沿着围绕裂纹尖端的小管状表面,$\boldsymbol{n}$ 为 $\mathrm{d}A$ 的外向法线,$\boldsymbol{q}$ 为虚拟裂纹延伸的局部方向。$\boldsymbol{H}$ 由下式给出:

$$\boldsymbol{H} = W\boldsymbol{I} - \boldsymbol{\sigma} \frac{\partial \boldsymbol{u}}{\partial x} \tag{3-2}$$

式中,$\boldsymbol{I}$ 为单位张量,$\boldsymbol{u}$ 为位移向量,$\boldsymbol{\sigma}$ 为应力张量。对于弹性材料行为,W 是弹性应变能;对于弹塑性或弹黏性塑性材料行为,W 被定义为"弹性应变能密度加上塑性耗散",从而代表等效弹性材料中的应变能。因此,计算出的 J 积分仅适用于弹塑性材料的单调载荷。

Ct 积分可以用于时间相关的蠕变行为,在特定的蠕变条件下,它可以表征蠕变裂纹的变形,包括瞬时裂纹扩展。例如,在小尺度蠕变条件下,它与静止裂纹的裂尖蠕变区的增长率成正比。在稳态蠕变条件下,当蠕变普遍存在于试件中时,Ct 积分变得不受路径影响,被称为 C^* 积分。Ct 积分是通过在 J 积分展开式中用速

度替换位移并用势能密度率代替势能密度来获得的。势能密度率的定义如下:

$$\dot{W} \equiv \int_0^{\dot{\varepsilon}} \boldsymbol{\sigma} : d\dot{\boldsymbol{\varepsilon}} \qquad (3\text{-}3)$$

式中,$\boldsymbol{\sigma}$ 为应力张量;$\boldsymbol{\varepsilon}$ 为应变张量。ABAQUS 软件为用户提供了 J 积分等围道积分计算量的计算和输出选项,以及其他几个典型的断裂力学参数的计算和输出选项。这些输出参数包括:

(1) 应力强度因子 K_{I}、K_{II} 和 K_{III},主要用于线性弹性断裂力学,以评价局部裂纹尖端场的强度。

(2) 线性弹性断裂力学计算中的 T 应力。

(3) 裂纹的扩展方向:预先存在的裂纹将要扩展的角度。

(4) Ct 积分,用于评估材料随时间变化的蠕变行为。

这些参数的输出结果可以写入 ABAQUS 的输出数据库文件(.odb)、数据文件(.dat)和结果文件(.fil)。

3.1.1 J 积分的域表示方法

为了保证准确性,在 ABAQUS 中,J 积分是用域积分来计算的。域积分是在围绕着裂纹尖端/线的围道线所包含的区域/体积上计算的。在二维空间中,ABAQUS 用围绕裂纹尖端的单元环来定义域。在三维空间中,ABAQUS 在裂纹线的周围定义了一个管状表面以计算和输出 J 积分。二维和三维的围道积分示意图如图 3-1 所示。其中,三维围道积分是二维区域沿着垂直于二维面内方向的均匀拉伸,是一个管状(柱状)区域。

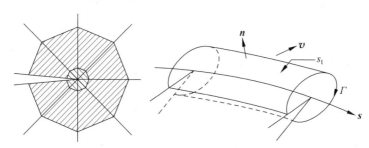

图 3-1 二维和三维围道积分示意图

n 为裂纹面法向向量;v 为垂直于裂前线的裂纹面切向向量;s 为平行于裂前线的裂纹面切向向量;
s_{t} 为裂前管状区域的侧面;Γ 为裂前管状区域底面的有向围道线

需要指出的是,材料在发生稳态蠕变时,其 J 积分和 Ct 积分应该是与路径(域)无关的。但是在实际计算的过程中,第一个围道(积分域)计算值的误差较大,通常不予考虑。

通过 ABAQUS/CAE 进行围道积分,相关的输出定义设置如图 3-2 所示,包括指定计算围道积分的围道(域)数量、输出频率和指定输出类型,如 J 积分、Ct 积分、应力 T 和应力强度因子 K。

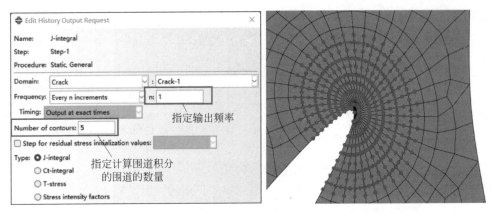

图 3-2　指定计算围道积分的围道（域）数量、输出频率和输出类型（J 积分、Ct 积分、应力 T 和应力强度因子 K）

注意到图 3-2 中的最后一个输出选项是应力强度因子（stress intensity factors），该选项与关键字 ∗ Type＝K Factors 一起使用，以指定用于预测均匀介质、各向同性、线性弹性材料中裂纹起始方向的准则。具体包括：①最大切向应力（MTS）准则；②最大能量释放率（MERR）准则；③$K_{\text{II}}＝0(K_{\text{II}} 0)$准则。

此外，通过设置关键字 Output＝File，可以将围道积分的计算值存储在结果文件（.fil）中。通过设置关键字 Output＝Both，可以将结果存储到数据文件（.dat）和结果文件（.fil）中。如果省略该关键字参数，ABAQUS 将在数据文件（.dat）中存储围道积分的值，但不会在结果文件（.fil）中存储。

围道积分计算可以包括的载荷有：①热载荷；②连续体单元上的裂纹面压力和牵引载荷，以及那些使用用户子程序 DLOAD 和 UTRACLOAD 定义的载荷；③壳单元上的表面牵引和裂纹面边缘载荷，以及那些使用用户子程序 UTRACLOAD 定义的载荷；④均匀和非均匀的体力载荷；⑤连续体单元和壳单元上的离心载荷。注意，并不是所有类型的分布载荷（如静水压力和重力载荷）都包括在围道积分计算中。如果模型中包含这些载荷，提交计算后将会输出警告信息，需要特别关注。

围道积分计算不包括：①集中力载荷（如果需要包括，可以通过修改网格以包括一个小单元上的载荷，并对该单元施加分布载荷）；②接触力载荷引起的贡献；③初始预应力。

3.1.2　无限大空间中的硬币形裂纹

首先简要介绍硬币形裂纹模型的特征：设置网格延伸到离裂纹尖端足够远的地方，这样有限边界就不会影响裂纹尖端的解。硬币形裂纹模型示意图如图 3-3 所示，其半径为 $R＝1.0$。

此处分别采用不同的网格特征进行建模和模拟：

（1）在有限元模型层面，考虑轴对称模型或三维实体模型；

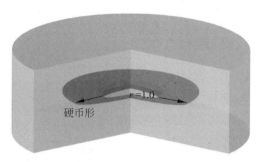

图 3-3　无限大空间中的硬币形裂纹模型示意图

（2）在网格密度层面，考虑精细的或粗糙的聚焦网格（图 3-4）；

（3）在网格奇异性层面，考虑是否包含 1/4 节点单元（奇异单元）；

（4）在单元积分层面，考虑使用不同的单元类型，包括一阶单元和二阶单元、减缩积分和完全积分单元。

下面详细介绍采用轴对称模型和三维模型模拟无限大空间中的硬币形裂纹的有限元模型建立过程。

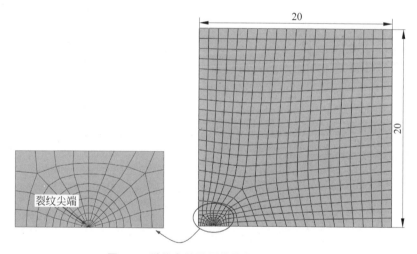

图 3-4　裂纹尖端周围的聚焦网格示意图

1．轴对称模型

轴对称模型的几何定义如图 3-5（a）所示。按照对称性和无穷大的要求，建立一个足够大的模型（相对于裂纹尖端区域）以模拟无穷大场，并将裂纹尖端区域切割出来，进行精细的模拟。图 3-5（b）给出了粗网格模型的裂纹尖端区域的特写（与细网格模型相同——只是内部半圆形区域更小）。

从三个方面定义轴对称模型中的裂纹：①裂纹尖端的前缘；②潜在的裂纹扩展方向（这里通过 q 向量来定义）；③裂纹尖端的奇异性。定义方法如图 3-6 所示。

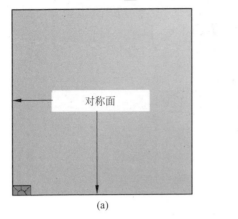

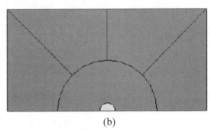

(a)　　　　　　　　　　　　　　(b)

图 3-5　轴对称模型的几何定义和局部几何切割

(a) 几何定义；(b) 局部几何切割

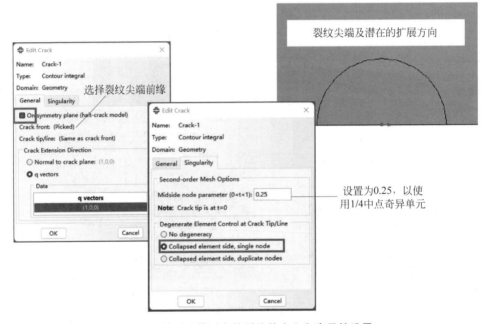

图 3-6　轴对称模型中的裂纹的定义和奇异性设置

2．三维模型

建立三维模型的几何并进行网格划分，由于模型的对称性，为了提高计算效率，这里只建立了一个 90°的扇形区域（1/4 模型，配合上两个对称边界条件），并在裂纹附近的局部区域进行网格细化，以减少模型的网格总数，局部区域切割和模型网格划分如图 3-7 所示：

在垂直于裂纹前沿的平面上，网格与轴对称网格非常相似。在裂纹线周围的圆周方向上，使用了 12 个单元。

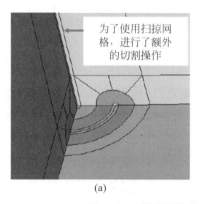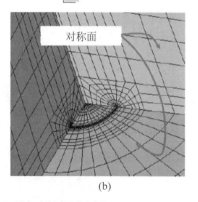

（a）　　　　　　　　　　　　　（b）

图 3-7　三维模型的局部区域切割和网格划分

（a）局部区域切割；（b）网格划分

此处对需要额外切割（partition）的原因进行说明。实际上，如果没有采用额外的切割操作，图 3-8 中的区域将需要位于对称轴上的顶点的不规则单元，这不被 ABAQUS 软件所支持。

含有 7 个节点的单元即不规则单元，本例中需要定义不规则单元，因为其围绕一个点旋转，如图 3-8 所示。

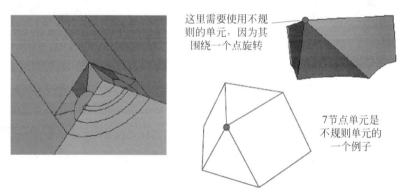

图 3-8　含有 7 个节点的不规则单元的示意图

定义三维模型中的裂纹。因为裂纹的前缘是一条曲线，每个点的裂纹扩展方向都不相同，因此需要给每个点定义独立的 q 向量。为了编辑 q 向量，需要创建孤立网格。

定义轴对称模型和三维模型的围道积分输出要求。对于 J 积分、应力强度因子 K 和应力 T，需要单独定义输出请求，选择在 5 个围道上输出相应的变量，如 J 积分等。

定义轴对称模型和三维模型的载荷条件。这里包括三种类型的载荷：

（1）均匀远场载荷（拉力），$p = p_0$

（2）裂纹表面的均匀载荷（压力），$p = -p_0$

（3）裂纹表面的非均匀载荷（压力），$p = -p_0 r^n$

其中，$p_0 = 1225\text{kPa}$，r 为到裂纹中心的距离，n 为描述载荷分布的指数。

通过上述建模和模拟，在轴对称精细网格条件下，计算得到的裂纹尖端附近的米塞斯应力云图如图 3-9 所示。

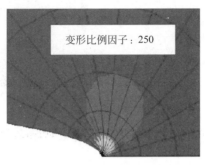

图 3-9　采用轴对称模型计算得到的裂纹尖端附近的米塞斯应力云图

这里重点关注 J 积分的值。J 积分的解析解和采用 10 个围道输出的各个围道的 J 积分的值如表 3-1 所示。

表 3-1　J 积分的解析解和 10 个围道输出的 J 积分

解　析　解	围道 1	围道 2	围道 3	围道 4	围道 5
	5.82×10^{-2}	5.81×10^{-2}	5.81×10^{-2}	5.81×10^{-2}	5.81×10^{-2}
5.80×10^{-2}	围道 6	围道 7	围道 8	围道 9	围道 10
	5.81×10^{-2}	5.80×10^{-2}	5.80×10^{-2}	5.80×10^{-2}	5.80×10^{-2}

各个围道计算得到的 J 积分的相对误差如图 3-10 所示，可以看出各个围道计算得到的 J 积分的误差都小于 0.5%，精度较高，且外面的围道误差整体更小，如第 10 个围道计算得到的 J 积分的误差小于 0.05%。

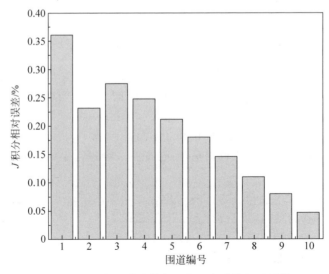

图 3-10　各个围道计算得到的 J 积分的相对误差

图 3-10 中的 J 积分的相对误差的计算公式为

$$\varepsilon = \frac{J_{解析解} - J_{数值解}}{J_{解析解}} \times 100\%$$ (3-4)

具有 1/4 位置节点的单元网格的 J 积分如表 3-2 所示(减缩积分)。

表 3-2 具有 1/4 位置节点的单元网格的 J 积分(减缩积分)

载 荷	解 析 解	3D 单元		轴对称单元	
		C3D20R		CAX8R	
		粗糙网格	精细网格	粗糙网格	精细网格
均匀远场载荷	0.058	0.0578	0.058	0.0579	0.0581
裂纹表面的均匀载荷	0.058	0.0578	0.058	0.0579	0.0581
裂纹表面的非均匀载荷($n=1$)	0.0358	0.0356	0.0357	0.0356	0.0358
裂纹表面的非均匀载荷($n=2$)	0.0258	0.0256	0.026	0.0256	0.0258
裂纹表面的非均匀载荷($n=3$)	0.0201	0.0199	0.0206	0.0200	0.0202

具有 1/4 位置节点的单元网格的 J 积分如表 3-3 所示(完全积分)。

表 3-3 具有 1/4 位置节点的单元网格的 J 积分(完全积分)

载 荷	解 析 解	3D 单元		轴对称单元	
		C3D20		CAX8	
		粗糙网格	精细网格	粗糙网格	精细网格
均匀远场载荷	0.058	0.0577	0.0572	0.0578	0.058
裂纹表面的均匀载荷	0.058	0.0577	0.0572	0.0578	0.058
裂纹表面的非均匀载荷($n=1$)	0.0358	0.0355	0.0352	0.0356	0.0358
裂纹表面的非均匀载荷($n=2$)	0.0258	0.0255	0.0253	0.0255	0.0258
裂纹表面的非均匀载荷($n=3$)	0.0201	0.0198	0.0197	0.0199	0.0201

没有 1/4 位置节点的单元网格的 J 积分如表 3-4 所示(减缩积分)。

表 3-4 没有 1/4 位置节点的单元网格的 J 积分(减缩积分)

载 荷	解 析 解	3D 单元			轴对称单元		
		C3D20R		C3D8R	CAX8R		CAX4R
		粗糙网格	精细网格	粗糙网格	粗糙网格	精细网格	粗糙网格
均匀远场载荷	0.058	0.0574	0.058	0.0563	0.0574	0.0581	0.0562
裂纹表面的均匀载荷	0.058	0.0574	0.058	0.0563	0.0574	0.0581	0.0562
裂纹表面的非均匀载荷($n=1$)	0.0358	0.035	0.0357	0.0336	0.035	0.0358	0.0337

续表

载　　荷	解　析　解	3D 单元			轴对称单元		
		C3D20R		C3D8R	CAX8R		CAX4R
		粗糙网格	精细网格	粗糙网格	粗糙网格	精细网格	粗糙网格
裂纹表面的非均匀载荷($n=2$)	0.0258	0.025	0.026	0.0234	0.025	0.0258	0.0236
裂纹表面的非均匀载荷($n=3$)	0.0201	0.0193	0.0206	0.0177	0.0193	0.0202	0.0179

没有 1/4 位置节点的单元网格的 J 积分如表 3-5 所示（完全积分）。

表 3-5　没有 1/4 位置节点的单元网格的 J 积分（完全积分）

载　　荷	解　析　解	3D 单元			轴对称单元		
		C3D20		C3D8	CAX8		CAX4
		粗糙网格	精细网格	粗糙网格	粗糙网格	精细网格	粗糙网格
均匀远场载荷	0.058	0.0573	0.0572	0.0552	0.0574	0.058	0.0557
裂纹表面的均匀载荷	0.058	0.0573	0.0572	0.0552	0.0574	0.058	0.0557
裂纹表面的非均匀载荷($n=1$)	0.0358	0.035	0.0352	0.0329	0.035	0.0358	0.0333
裂纹表面的非均匀载荷($n=2$)	0.0258	0.0249	0.0253	0.0229	0.025	0.0258	0.0232
裂纹表面的非均匀载荷($n=3$)	0.0201	0.0193	0.0197	0.0172	0.0193	0.0201	0.0175

在表 3-2～表 3-5 中，ABAQUS 计算得到的 J 积分基于每种网格模型（粗糙网格或精细网格）中的第 3～5 个围道的 J 积分的平均值。

通过以上计算可以得到：在确定 J 积分时，具有二阶单元的三维细网格对积分规则的选择更为敏感，结果非常准确（与解析解的相对误差小于 2%）。奇异性对较粗的网格的精确性帮助最大。而在小应变分析中，想要网格收敛，必须包含奇异性。

3.1.3　紧凑型拉伸试样模拟

紧凑型拉伸试样（compact tension specimen，CTS）是 ASTM 标准定义的五种标准化试样之一[17]，用于表征裂纹的起始和裂纹的扩展。ASTM 标准化测试仪器使用夹具和销子来固定试样并施加可控的位移，其几何尺寸和三维加载示意图如图 3-11 所示。在试样的待测区域——如焊缝、热影响区等——的一个面上加工一个缺口，裂纹从缺口的顶端长出，总的裂纹长度约等于试样的厚度。试样在张力下进行测试,通过安装在凹槽口的夹钳测量变形。载荷和变形被记录下来,裂纹长度在断裂后回收的试件上被测量。由此就可以确定失效模式,并使用适当的分析工具和方法来计算材料的断裂韧性等关键参数[18]。

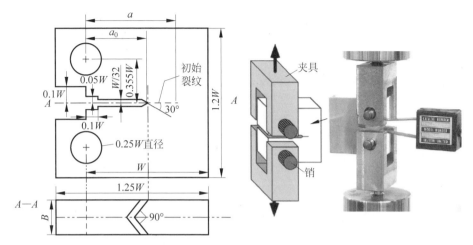

图 3-11　紧凑型拉伸试样的几何尺寸和三维加载示意图

本节通过有限元模拟再现紧凑型拉伸试样的受力和变形过程,并输出一些关键的断裂力学参数。紧凑型拉伸试样模拟的有限元模型的细节如下:假设试样处于平面应变条件,采用平面应变单元进行模拟。模型的几何参数为 $W=50\text{mm}$,$B=25\text{mm}$,初始裂纹的长度为 $a-a_0=5\text{mm}$。基体的材料为弹塑性材料——低合金铁素体钢。裂纹尖端的单元采用 $r^{-1/2}$ 的奇异性单元来模拟。紧凑型拉伸试样的有限元模型和网格划分如图 3-12 所示。

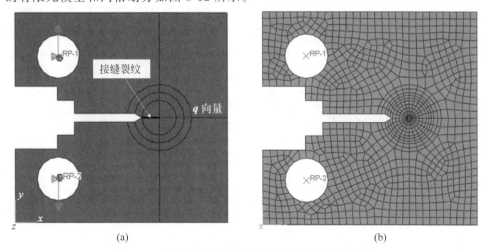

图 3-12　紧凑型拉伸试样的有限元模型和网格划分

(a) 有限元模型；(b) 网格划分

　　基体的材料为低合金铁素体钢,选用各向同性弹塑性材料模型进行模拟,材料的杨氏模量为 $E=193\text{GPa}$,泊松比为 $\nu=0.3$。其塑性硬化行为通过表格数据的方式定义,输入的低合金铁素体钢的屈服应力-对数应变曲线如图 3-13 所示,材料的初始屈服应力为 705MPa。

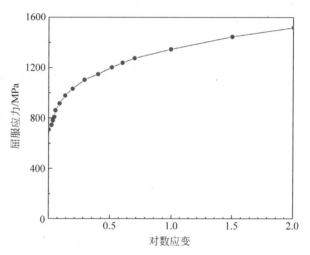

图 3-13　低合金铁素体钢材料的屈服应力-对数应变曲线

　　分别采用小应变分析和有限应变分析进行模拟,在 10 个围道上计算和输出 J 积分,计算得到的 J 积分随加载位移的变化及其与 ASTM 标准中的值的对比如图 3-14 所示。可以发现,除第一个围道外,其他 9 个围道的计算结果之间互相吻合良好,并且和 ASTM 标准计算的结果吻合良好,说明围道积分的计算和积分路径无关。同时,该结果也表明,在进行围道积分计算时,第一个围道的计算结果误差较大,在使用时应该特别注意。

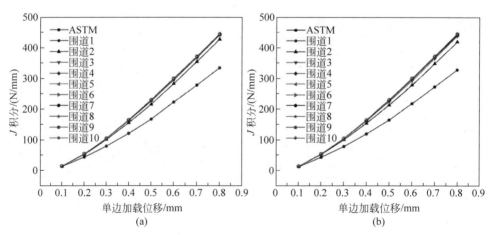

图 3-14　J 积分随加载位移的变化及其与 ASTM 标准中的值的对比
(a) 小应变分析;(b) 有限应变分析

图 3-15 分别给出了在两个典型的加载位移($u=4.75\text{mm}$ 和 $u=10\text{mm}$)下,试样上的等效塑性应变(equivalent plastic strain,PEEQ)的分布情况。可以发现,在小到中等的应变水平下,小应变分析和有限应变分析的结果相似,二者都可以准确地模拟变形和应变。当载荷继续加大时,必须考虑有限应变效应以准确地模拟这种水平的变形和应变。

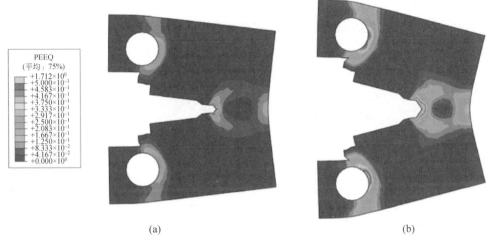

(a)　　　　　　　　　　　　　　　　　　(b)

图 3-15　两个加载位移下,试样上的等效塑性应变的分布情况

(a) $u=4.75\text{mm}$；(b) $u=10\text{mm}$

本节模型的 CAE 文件和 INP 文件分别为

Compact_Tensile_Specimens. cae;

Job-compact_tension_specimen_finite. inp;

Job-compact_tension_specimen_small. inp。

3.2　围道积分计算中的节点法向

3.2.1　尖锐弯曲的裂纹

在实际工程中,裂纹往往不是直线的,而是弯曲的。对于尖锐的裂纹,如果裂纹面是弯曲的,在进行仿真模拟时,ABAQUS 会自动确定位于围道积分域内的裂纹面部分的节点的法线方向,从而提高围道积分计算的准确性。然而,这种方法确定的法线并不能用于裂纹尖端的节点。

含有弯曲裂纹的板在单轴拉伸载荷下的变形云图如图 3-16 所示。在考虑和不考虑裂纹尖端的法向设置的条件下,不同围道下计算得到的 J 积分如表 3-6 所示。可以看出在考虑裂纹尖端的方向设置后,计算得到的 J 积分更加准确可靠(各个围道下计算的结果一致)。

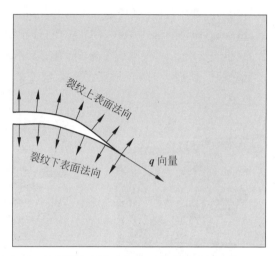

图 3-16　弯曲裂纹面的法向和裂纹尖端扩展方向（q 向量）

表 3-6　考虑和不考虑裂纹尖端法向设置得到的不同围道下计算得到的 J 积分

围　　道	1	2	3	4	5
J 积分（不考虑裂纹尖端法向设置）	3.363	2.980	2.475	1.888	1.283
J 积分（考虑裂纹尖端法向设置）	3.600	3.602	3.605	3.605	3.605

3.2.2　钝裂纹和缺口

　　一般情况下，可以认为裂纹是尖锐的，但是对于一些特定的情况，裂纹尖端也可以是钝的（非尖锐的），其特点是裂纹的边缘不锋利，呈钝性。这种钝裂纹通常是由于材料内部缺陷、不均匀残余应力或疲劳产生的。钝裂纹通常不易扩展，但如果它们得不到及时的处理和修复，就可能导致更严重的裂纹或破坏。因此，钝裂纹也是重要的安全问题，需要引起足够的关注。

　　在对含有钝裂纹和缺口的试样进行断裂模拟时，在设置裂纹尖端时，凹口上的所有节点都应包含在裂纹尖端的节点集中，并对每个节点定义相应的法向，这样 J 积分的计算结果才会更加准确。因为在这种情况下，q 向量是平行于裂纹表面的，如图 3-17 所示。

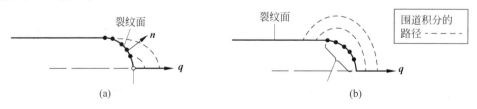

图 3-17　含有钝裂纹和缺口的试样的裂纹法向和 q 向量的定义

（a）裂纹尖端节点组中的单个节点，在钝化表面的节点上计算法线，q 向量与裂缝表面不平行；（b）钝化表面上的所有节点有裂纹尖端节点集中，q 向量与裂缝表面平行

3.3 多个裂纹尖端的 J 积分

在 ABAQUS 中,可以计算并输出多个裂纹尖端的 J 积分(或 Ct 积分),如图 3-18 所示。在 ABAQUS/CAE 中,可以通过分别定义多个裂纹尖端的历史输出请求,实现对多个裂纹尖端的 J 积分的输出。在输入文件(.inp)中,则可以通过重复使用 * Contour Integral 选项来实现。如果一个裂纹尖端的域包围着另一个裂纹尖端,J 积分将归零。

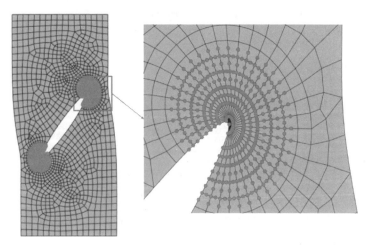

图 3-18 两个裂尖分别定义 J 积分的输出及其相应的多个围道

3.4 壳体中的穿透性裂纹

薄壁结构是工程中的一类重要结构形式,其能以较小的质量、较少的材料承受较大的载荷,在房屋建筑、石油工程、桥梁、飞行器、船舶、航天、汽车等工程领域得到广泛的应用。薄壁结构(薄壁壳体和薄膜等)的断裂和损伤问题是实际工程结构中的一类重要问题,对其断裂失效过程的仿真模拟和深入分析十分重要(如石油储运工程中的输气管道的动态断裂问题)。对于这类薄壁结构,通常采用壳单元或者膜单元进行建模和模拟(包括其断裂和损伤过程的模拟)[19-20]。

对于壳体中的穿透性裂纹,如果要求想要输出围道积分,必须使用二阶的四边形壳单元(S8 或 S8R 单元)。S8R 单元的侧面不应该被折叠。如果使用聚焦网格,裂纹尖端必须被建模为一个孔,其半径与在壳的平面上测量的其他尺寸相比要足够小。相关的网格形式如图 3-19 所示。

在 ABAQUS 中,S8R5 壳单元可以被退化为奇异单元,为了考虑裂纹尖端的奇异性,中间的节点可以移动到单元的 1/4 点的位置。裂纹尖端的 q 向量必须位

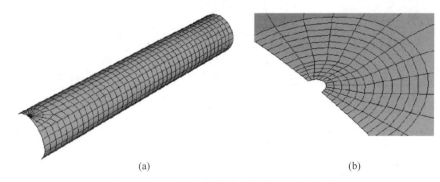

(a)　　　　　　　　　　　　　　　　　　(b)

图 3-19　通过一个小的缺口模拟壳体中的裂纹

(a) 壳单元的网格；(b) 裂尖附近的网格(S8R 单元)

于壳的表面,它应该是与表面相切的。

3.4.1　轴向载荷下的周向贯穿裂纹

在各种重要工程结构(如核压力容器、输油输气管道和工程构件中的管状结构等)中,经常能够遇到圆柱体的周向裂纹,周向通壁裂纹(或周向贯穿裂纹)是这些圆柱形结构中最严重的缺陷之一。应力强度因子 K、J 积分和极限载荷的数值解对于评估这类结构的安全性和使用寿命至关重要[21-22]。

本节考虑如图 3-20 所示的轴向载荷作用下的周向贯穿裂纹模型,其几何参数和载荷为圆筒的平均半径 $R=10.5\text{in}(1.0\text{in}=25.4\text{mm})$,壁厚 $t=0.525\text{in}$,裂纹的半角 $\theta=\dfrac{\pi}{4}$,纵向膜应力为 $p=100\text{psi}(1.0\text{psi}=6894.76\text{Pa})$。

轴向载荷作用下的周向贯穿裂纹模型的有限元建模细节如下：①使用壳单元建模以提高计算效率；使用壳边缘载荷(edge loads)来施加圆柱轴向载荷；②利用对称性减少模型的大小,进一步提高计算效率；根据对称性,这里只需要建立 1/4 模型即可,并施加两个对称边界条件,两个对称边界的位置如图 3-21 所示。

本节通过一个孔洞来模拟裂纹尖端,包括设置对称裂纹的和指定裂纹可能的扩展方向(q 向量)。由于对称性,模型中的裂纹为半个孔洞。因此,选择孔洞的边(半圆)作为裂纹前沿(crack front),裂尖点(crack tip)为孔洞和对称面的交点,q 向量沿着平行于对称面的方向,并在设置界面中勾选"开启对称面"(on symmetry plane)的选项,如图 3-22 所示。

通过上述模型计算得到的轴向载荷下含有周向贯穿裂纹的壳体的变形形态如图 3-23 所示。图中的蓝色线框是变形前的管道的外轮廓线,含有网格的模型是变形后的管道。在轴向拉伸载荷的作用下,由于裂纹的存在,结构整体不再是一维受力状态,而具有打开和向裂纹上部翻转的趋势。

在壳单元的网格中,作用于壳表面的法线和应用于围道积分域的力载荷在围

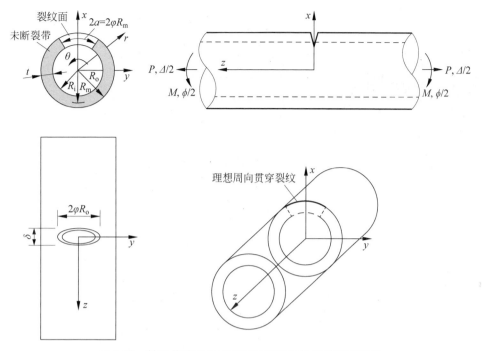

图 3-20　轴向载荷作用下的周向贯穿裂纹的模型示意图

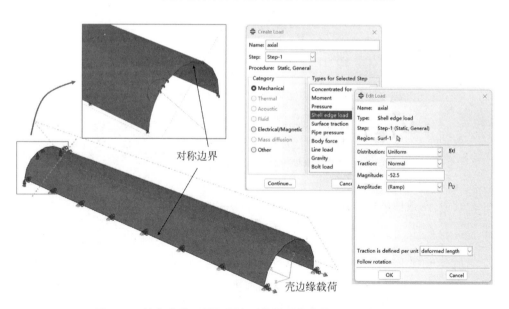

图 3-21　轴向载荷下周向贯穿裂纹模型的载荷和边界条件设置

道积分的计算中不被考虑。例如,不考虑压力载荷,因为它们作用于壳表面的法线方向。反之,考虑轴向边缘的载荷,因为它们作用于壳表面。对于这个问题,有两种解决方法:

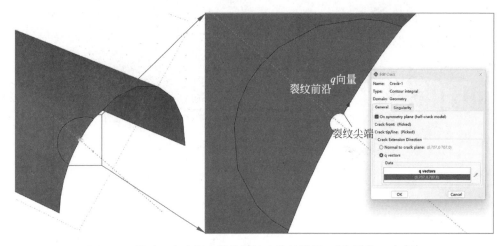

图 3-22　通过一个孔洞来模拟裂纹尖端的设置(对称裂纹、q 向量)

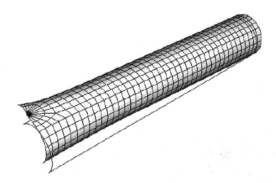

图 3-23　轴向载荷下含有周向贯穿裂纹的壳体的变形云图

蓝色线框是变形前的轮廓

(1) 以不同的裂纹长度计算连续的壳模型,并对势能进行数值微分。

(2) 使用实体单元(如果壳体的响应是膜主导的,即变形主要发生在壳体的面内)。

其中,用数值微分方法获得 J 积分的方法如下:

$$J = -\frac{\partial(\mathrm{PE})}{\partial a}\bigg|_{\text{constant load}} = -\frac{\mathrm{PE}\big|_{a+\Delta a} - \mathrm{PE}\big|_a}{\Delta a}\bigg|_{\text{constant load}} \tag{3-5}$$

式中,PE 为系统的总势能,是系统的应变能与外力功之差(PE = ALLSE − ALLWK)。需要指出的是,PE 应该从两个独立的分析(模型)中获得,这两个分析的其他条件一致,裂纹长度相差 Δa。

需要注意的是,在 ABAQUS 的数据文件(.dat)中,PE 通常不会被输出为精度足够的数值用于计算。输出精度足够的数值对于计算 J 积分是有用的,因此,必须从结果文件(.fil)中读取 PE。一个类似的技术可以用来获得长时间的 Ct 积分。

如果膜变形是主要的,壳体可以用单层的 20 节点六面体单元来建模,如图 3-24 所示,因为这些实体单元包括对围道积分的加载贡献。

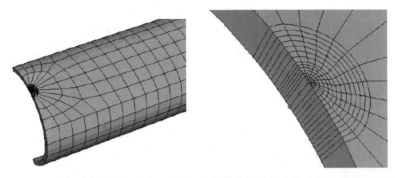

图 3-24　在膜变形主导的问题中,采用一层实体单元模拟壳体变形和计算围道积分

为了通过壳的厚度获得准确的 J 积分,应采用实体单元,并在厚度方向上使用一个以上的单元。J 积分会表现出显著的路径赖性,采用平均值可以缓解这一问题。如果只用一个单元穿过厚度,其值可以被平均,此时可以把 J 积分看作每单位长度的力。那么,J 积分平均值的计算就与等效节点力的平均值的计算一样,其示意图如图 3-25 所示。

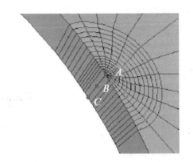

图 3-25　采用单层实体单元模拟和计算壳体上裂纹的 J 积分平均值方法示意图

计算公式为

$$J_{\text{shell}} = \frac{J_A + 4J_B + J_C}{6} \tag{3-6}$$

同上,从壳单元的网格可以生成实体单元的网格。在 ABAQUS 中,使用平移网格工具(offset mesh)可以很容易地将壳单元网格转换为实体单元网格。

3.4.2　内压封闭式管道的周向贯穿裂纹

前文讨论过的一个含有裂纹的管道在轴向载荷下的变形和裂纹尖端的 J 积分的计算,现在考虑同一个管道受到 10psi(1psi＝6894.76Pa)的内部压力载荷和轴向拉伸载荷(模拟封闭端)的共同作用(图 3-26)。在厚度方向使用一层 C3D20R 单

元计算 J 积分,模型中的其他设置与前文的模型相同。计算得到的不同点在不同围道下的 J 积分如表 3-7 所示。

表 3-7　不同点在不同围道下的 J 积分

围　　道	J 积分×100				
	1	2	3	4	5
节点 A 处	2.0965	2.1317	2.1505	2.1557	2.1697
节点 B 处	3.7396	3.6992	3.7004	3.6968	3.6904
节点 C 处	5.0226	5.0501	5.0813	5.1471	5.2373
平均值	3.6196	3.6270	3.6441	3.6665	3.6991

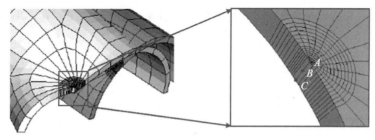

图 3-26　在内部压力载荷和轴向拉伸载荷(模拟封闭端)共同作用下的管道变形和 J 积分输出点示意图

3.5　混合模式断裂

在 ABAQUS 中,应力强度因子是通过使用相互作用积分来计算的,这种方法考虑了混合模式断裂的加载效应,因此,也可以在 ABAQUS 中计算混合模式断裂下的应力强度因子。需要注意的是,J 积分或 Ct 积分不区分加载模式,而应力强度因子是区分的。对于混合模式加载下的断裂问题,可以同时输出两种模式下的应力强度因子。需要说明的是,应力强度因子的计算只针对线性弹性材料。因此,混合模式下的输出也是一样的,只能用于线性弹性材料的模型。

接下来,考虑一个含有中心斜裂纹的板材在单轴拉伸载荷下的变形和裂纹尖端场的模拟,有限元模型的示意图如图 3-27 所示,在板的底部施加简支约束条件,在板的顶部施加 100MPa 的均匀拉伸应力载荷,采用二维平面应变模型进行模拟。

该模型的几何参数为 $b=50.0\text{mm}$,$a=0.5b=25\text{mm}$,$h=1.25b=62.5\text{mm}$。模型的材料为线性弹性材料,材料的参数为杨氏模量 $E=207\text{GPa}$,泊松比 $\nu=0.3$。中心斜裂纹的倾斜角度为 β。这里考虑两个不同的裂纹倾斜角度的情况(分别为 $\beta=22.5°$ 和 $\beta=67.5°$),分别建立模型,计算得到的变形云图如图 3-28 所示。

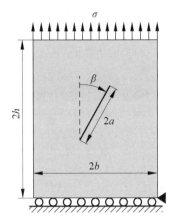

图 3-27　含有中心斜裂纹的板材在单轴拉伸载荷下的模型

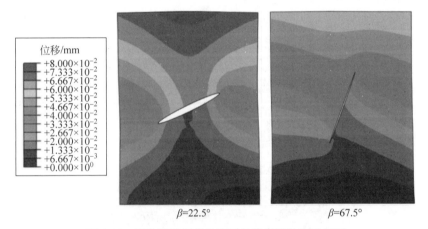

图 3-28　两种裂纹倾斜角度下计算得到的变形云图

分别采用完全积分和减缩积分两种不同的单元类型(CPE8 和 CPE8R)进行计算,得到的两个裂纹倾斜角度下(22.5°和 67.5°)的裂纹尖端应力强度因子 K_{I} 和 K_{II}(表中的数值用 K_0 进行了归一化)如表 3-8 所示。

表 3-8　两种裂纹倾斜角度下(22.5°和 67.5°)的裂纹尖端应力强度因子 K_{I} 和 K_{II}

倾斜角度	单 元 类 型	K_{I}/K_0	K_{II}/K_0
22.5°	CPE8	0.185(−2.9%)	0.403(−0.2%)
	CPE8R	0.185(−2.9%)	0.403(−0.2%)
67.5°	CPE8	1.052(+3.6%)	0.373(+1.0%)
	CPE8R	1.053(+3.8%)	0.374(+1.3%)

在表 3-8 中,K_0 的计算公式如下:

$$K_0 = \sigma\sqrt{\pi a} \tag{3-7}$$

注意,表 3-8 括号内的数值是相对于参考解的百分比差异。从表中可以看出,本问题的应力强度因子的计算误差较小。此外,比较两个裂纹倾斜角度下的应力强度因子可知,当倾斜角度较小时,求解的误差更小。

本节中的 INP 文件如下:

CountorIntergral_SlantCrack_22d5_CPE8.inp;

CountorIntergral_SlantCrack_22d5_CPE8R.inp;

CountorIntergral_SlantCrack_67d5_CPE8.inp;

CountorIntergral_SlantCrack_67d5_CPE8R.inp。

3.6　材料不连续

如果在用于围道积分计算的区域内,材料在裂纹扩展方向上是均匀的,那么 J 积分将是路径独立的。如果在这个区域的裂纹前面有材料不连续,可以使用 *Normal 选项来修正 J 积分的计算,使其仍然与路径无关。材料不连续线的法线必须为材料不连续线上的所有节点指定法向,这些节点将位于围道的积分区域中。

图 3-29 给出了一个由两种材料制成的单边缺口试样,其中的材料界面与试样的侧面成一定角度(5.7°)。含有裂纹的材料(下边)的杨氏模量为 $E_1 = 200\text{GPa}$,泊松比为 $\nu_1 = 0.3$。未开裂的材料(上边)的杨氏模量为下边材料的 $1/10$($E_2 = 20\text{GPa}$),泊松比为 $\nu_2 = 0.1$。在试样的两端各施加均匀的 2mm 的拉伸位移载荷。

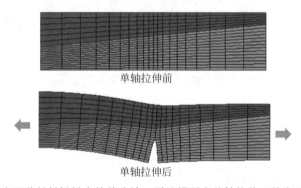

单轴拉伸前

单轴拉伸后

图 3-29　含有两种材料板材中的单边缺口裂纹模型在单轴拉伸下的变形前后示意图

沿着材料的不连续点,使用 *Normal 选项给出不连续点的法线。法线需要在不连续点的两边分别定义。*Normal 选项的具体用法请参考 ABAQUS 的帮助文档。计算得到的含有两种材料板材中的单边缺口裂纹模型在单轴拉伸下的变形前后示意图如图 3-29 所示。图中的颜色表示两种不同的材料,由于上、下材料的不对称,在单轴拉伸下,结构整体的变形也不对称了。

表 3-9 给出了材料板材中的单边缺口裂纹模型在单轴拉伸下 10 个围道的 J 积分计算值,并在图 3-30 中直观地画出,从表 3-9 和图 3-30 可以发现,第 5～10 个

围道的计算结果对定义界面上的法线的需求是很明显的,定义了法向后的计算结果的精度提高了很多。若没有定义法向,当围道贯穿了两种材料的界面时(如本节的第 5~10 个围道),计算结果是错误的。

表 3-9　两种材料板材中的单边缺口裂纹模型在单轴拉伸下 10 个围道的 J 积分计算值

围　道	J 积分计算值(N/mm)	
	没有定义法向	定义法向
1	55681	55681
2	57085	57085
3	57052	57052
4	57058	57058
5	35188	57116
6	31380	57114
7	27536	57114
8	23512	57113
9	19172	57116
10	14181	57094

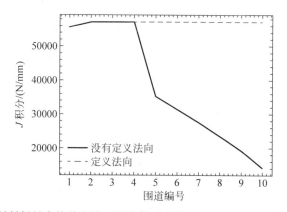

图 3-30　两种材料板材中的单边缺口裂纹模型在单轴拉伸下 10 个围道的 J 积分计算值(没有定义法向和定义法向)

3.7　弹塑性材料的数值计算

对于米塞斯塑性模型来说,塑性变形是不可压缩的。当塑性变形开始主导结构的响应时,总变形率变得不可压缩(恒定体积)。所有适用于 J 积分计算的 ABAQUS 四边形和六面体单元都可以处理这个速率不可压缩的条件,除了没有混合积分格式的完全积分四边形和六面体单元。

应注意,不要在这些材料上使用 CPE8、CAX8、C3D20 单元。当材料变得更加不可压缩时,它们会被锁定(体积自锁,单元变得过约束)。使用减缩积分的二阶单元(CPE8R、C3D20R 等)可以避免体积自锁问题,其对一般的应力集中问题,特别是对裂纹尖端问题的模拟效果最好。

如果位移变形图显示有规律的交替变形模式,这种状态就是网格体积锁死的表现。体积锁死也可以从一阶单元的静水压力等值线图中看到——压力云图显示为棋盘样式。如果使用的是完全积分单元,发生了体积锁死,就需要改用缩减积分单元。如果已经使用了缩减积分单元,则需要增加网格密度。如果以上方法都对消除锁死没有帮助,则可以使用混合单元。注意,混合单元必须用于完全不可压缩的材料(如超弹性材料,泊松比等于 0.5 的线性弹性材料等),否则程序会报错。

与小应变线性弹性材料相比,弹塑性材料(以及一般的非线性材料)的结果对网格划分更为敏感。当足够用于线性弹性材料的网格被用于弹塑性材料时,必须被进一步细化。模型越复杂,J 积分越倾向于路径依赖。缺乏路径依赖性表明计算的网格收敛性不足;然而,J 积分的路径独立性并不能证明网格收敛性。

考虑一个三点弯曲试样中的裂纹示例,建立一个二维几何模型,并进行网格敏感性的研究,这里分别采用两种网格——聚焦网格和非聚焦网格,并且考虑包含 1/4 点的单元(奇异单元)与包含中间节点(非奇异单元)的对比,模型尺寸和载荷示意图如图 3-31 所示。三点弯曲试样的材料为铝,采用理想弹塑性材料模型进行模拟,材料参数为:杨氏模量 $E=70\mathrm{GPa}$,泊松比 $\nu=0.3$,屈服应力 $\sigma_\mathrm{Y}=105\mathrm{MPa}$。

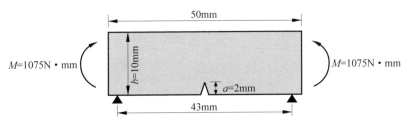

图 3-31　含有底部裂纹的三点弯曲试样的模型尺寸和载荷示意图

计算得到的非聚焦网格、聚焦网格+非奇异单元,以及聚焦网格+奇异单元三种条件下结构的变形和应力分布图如图 3-32 所示。从图中可以看出,对于弹塑性材料,采用聚焦网格和非聚焦网格,计算结果有较大差异,聚焦网格可以较好地反映裂纹尖端的塑性区。因此,对于弹塑性材料,在进行断裂力学分析时(如计算 J 积分等),建议采用聚焦网格,在裂纹尖端附近的网格划分应尽量密集。

本节的模型 CAE 文件和 INP 文件如下:

Model-ThreePointBend-ElasPlas.cae;

Job-3p-bend-1.inp;

Job-3p-bend-focusmesh-2. inp；

Job-3p-bend-focusmesh-sig-3. inp。

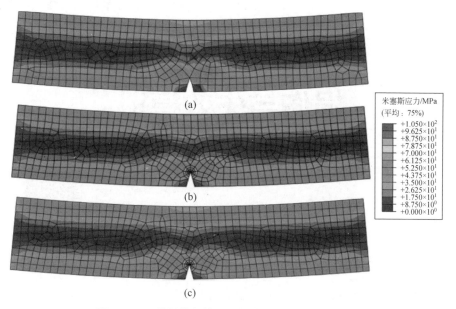

图 3-32　三种网格条件下结构的变形和应力分布图

（a）非聚焦网格；（b）聚焦网格＋非奇异单元；（c）聚焦网格＋奇异单元

第 4 章

损伤与失效模拟

4.1　渐进损伤和失效概述

材料的渐进损伤和失效行为是指材料在经过一定时间的使用或者环境、载荷等的损害后,逐渐出现破裂或者失效的过程[23]。这个过程可以通过一系列微小的破裂和变形逐渐积累产生,或者通过化学反应和腐蚀形成。在许多情况下,材料的渐进损伤和失效可以通过改进设计和选择材料来加以预防。对材料渐进损伤和失效的准确数值模拟可以为材料损伤和失效的预防,以及材料和结构的优化设计提供一定的依据和支撑。

材料渐进损伤和失效在力学上的具体表现是材料刚度的逐渐退化而导致的承载能力的完全丧失。描述材料刚度退化的一种理论是损伤力学,其核心是引入损伤因子使材料的刚度退化、应力折减。

ABAQUS 为工程结构中的渐进破坏和损伤失效建模提供了通用的功能。在 ABAQUS 中,渐进破坏和损伤失效可以用于如下问题的仿真模拟:①韧性材料的断裂和剪切失效;②包含软化的连续力学本构行为;③纤维增强复合材料的损伤和失效;④界面材料的损伤和失效;⑤具有牵引-分离准则的内聚力单元的损伤和失效。其中,基于内聚力单元的损伤和失效将在第 5 章详细的讨论。

4.2　韧性金属的损伤失效模拟

韧性金属材料是最常见的工程材料之一,其失效破坏特性是决定工程中许多重要构件和承载设施的关键。用 ABAQUS 可以对两种不同类型的韧性金属材料

的失效破坏进行建模和模拟,如图 4-1 所示,包括:

(1)金属的延性断裂,其典型失效过程为孔洞的成核、汇聚和生长,如金属棒的准静态拉伸颈缩失效。

(2)剪切带局部化,其典型失效过程为剪切带的快速形成,如金属板材成型中的因颈缩不稳定性形成的剪切带。

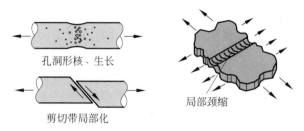

图 4-1 韧性金属材料中孔洞的形核、汇聚和生长,剪切局部化,以及颈缩的示意图

图 4-2 给出了包含渐进损伤行为的材料的典型应力-应变响应。从图中可以看出,含有损伤行为的材料定义通常包括①未损伤的本构行为(路径 OA)。该阶段通常含有硬化的弹塑性行为,包含弹性段和塑性硬化段,与之联合使用的塑性模型通常为米塞斯塑性模型、Johnson-Cook 塑性模型、Hill 塑性模型和 Drucker-Prager 塑性模型等。②损伤的起始点(A 点)。当材料的响应行为达到该点时,损伤发生,损伤变量 d 开始超过 0。③损伤的演化(路径 AB)。在这个阶段,损伤逐渐累积,损伤变量 d 逐渐由 0 增加到 1,材料的刚度逐渐由初始刚度退化为 0,材料点的应力也逐渐退化到 0。④单元删除(B 点)。到达该点时,材料完全失效,损伤变量 d 达到 1.0,材料点无法继续承载应力、应变。

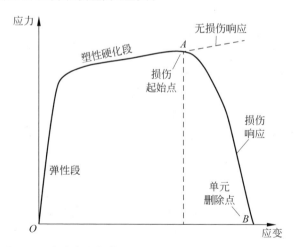

图 4-2 包含渐进损伤行为的材料的典型应力-应变响应

4.3　韧性金属的损伤起始准则

基于用户指定的准则,损伤起始点定义了刚度退化的起始点。常用的韧性金属的损伤起始准则有两个:①延性损伤起始准则;②剪切损伤起始准则。损伤起始准则实际上不会导致材料的损伤(材料刚度和应力的折减),除非损伤的演化准则也被指定了,才会计算损伤变量的演化,材料的刚度和应力也才会根据损伤变量进行相应的折减。

损伤起始准则有对应的输出变量,可用于评估当前变形损伤的严重程度。与延性损伤起始准则相关的输出变量是 DMICRT,当 DMICRT>1,延性损伤发生;与剪切损伤起始准则相关的输出变量是 SHRCRT,当 SHRCRT>1 时,剪切损伤发生。

4.3.1 节分别对上述两种韧性金属的损伤起始准则进行详细介绍。

4.3.1　延性损伤起始准则

延性损伤起始准则主要适用于因孔洞的成核、生长和凝聚而引发的破坏,该模型假设损伤发生时的等效塑性应变是应力三轴度和应变率的函数。应力三轴度的定义为

$$\eta = -p/q \tag{4-1}$$

式中,$p = -(\sigma_{11} + \sigma_{22} + \sigma_{33})$ 是材料点的静水压应力,$q = \sqrt{\dfrac{3\sigma_{ij}\sigma_{ij}}{2}}$ 是米塞斯等效应力。

延性损伤起始准则可以和典型的塑性模型,如米塞斯塑性模型、Johnson-Cook塑性模型、Hill 塑性模型和 Drucker-Prager 塑性模型等联合使用,也可以和状态方程(equation of state,EOS)联合使用。

在 ABAQUS 中,延性损伤起始准则的定义和使用方法如下:延性损伤起始准则指定损伤开始发生时的等效塑性应变为如下两个变量的表格函数:①应力三轴度;②应变率。另外,损伤起始时的等效塑性应变还可以依赖温度和场变量等。铝合金 AA7108.50-T6 的延性损伤起始准则参数及其在 ABAQUS/CAE 界面中的设置如图 4-3 所示。

图 4-3 中的三个空格(可以通过增加行,成为表格)的数据依次为损伤起始的等效断裂应变(fracture strain)、三轴度(stress triaxiality)和等效应变率(strain rate),通过选择上述温度依赖的数据(use temperature-dependent data)和常变量的个数(number of field variables),可以增加输入温度和场变量的值。上述数据输入的含义为损伤起始的等效断裂应变是材料点的应力三轴度、等效应变率、温度和场变量的函数,即

$$\bar{\varepsilon}^{\mathrm{pl}} = \bar{\varepsilon}^{\mathrm{pl}}(\eta, \dot{\bar{\varepsilon}}^{\mathrm{pl}}, T, f_1, f_2, \cdots) \tag{4-2}$$

延性损伤起始准则的输出变量为 DUCTCRT,其代表变量为 w_{D}。当 $w_{\mathrm{D}} = 1$ 时,

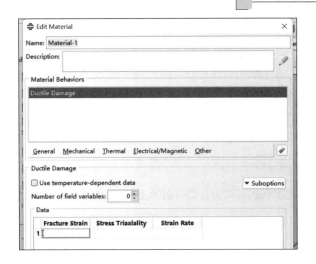

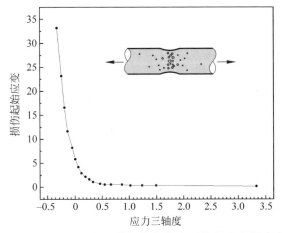

**图 4-3　在 ABAQUS/CAE 中设置延性损伤起始准则的界面和铝合金 AA7108.50-T6
的延性损伤起始准则参数**

材料点满足了延性损伤起始准则,延性损伤发生。

4.3.2　剪切损伤起始准则

剪切损伤起始准则适用于因剪切带局部化而引发的破坏,该模型假设损伤起始时的等效塑性应变是剪切应力比和应变率的函数,可以通过表格的形式给出。剪切应力比的定义为

$$\theta_s = (q + k_s p)/\tau_{\max} \tag{4-3}$$

剪切损伤起始准则可与典型的塑性模型,如米塞斯塑性模型、Johnson-Cook塑性模型、Hill 塑性模型和 Drucker-Prager 塑性模型一起使用,另外,也可以和状态方程一起使用。

在 ABAQUS 中,剪切损伤起始准则的定义和使用方法如下:剪切损伤起始准

则指定了损坏起始时的等效塑性应变为如下两个变量的表格函数：①剪切应力比；②应变率。另外，损坏起始时的等效塑性应变还可以依赖温度和场变量等。铝合金 AA7108.50-T6 的剪切损伤起始准则参数及其在 ABAQUS/CAE 界面中的设置如图 4-4 所示。

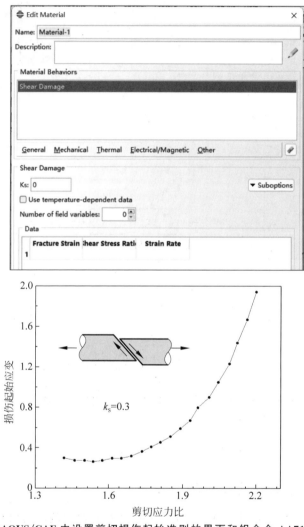

图 4-4 在 ABAQUS/CAE 中设置剪切损伤起始准则的界面和铝合金 AA7108.50-T6 的剪切损伤起始准则参数

在图 4-4 中，K_s 是一个材料参数。图中三个空格（可以通过增加行，成为表格）的数据依次为损伤起始的等效断裂应变、剪切应力比和等效应变率，通过选择上述温度依赖的数据和常变量的个数，可以增加输入温度和场变量的值。上述数据输入的含义为损伤起始的等效断裂应变是材料点的剪切应力比、等效应变率、温度和场变量的函数，即

$$\bar{\varepsilon}^{\mathrm{pl}} = \bar{\varepsilon}^{\mathrm{pl}}(\theta_s, \dot{\bar{\varepsilon}}^{\mathrm{pl}}, T, f_1, f_2, \cdots) \tag{4-4}$$

剪切损伤起始准则的输出变量为 SHRCRT,其代表变量为 w_S。当 $w_S = 1$ 时,满足剪切损伤起始的准则,剪切损伤发生。

4.3.3　考虑损伤起始的铝制圆管轴向压缩

本节通过一个铝制圆管的轴向压缩的示例[24]来展示两种损伤起始准则的使用方法和模拟结果的差异。该示例在实验室条件下的准静态屈曲模式和本节建立的有限元模型的示意图如图 4-5 所示。其中,钢制底座和上部冲击的物体采用圆盘状的解析刚体来模拟;底部的刚体采用固支约束;给定上部的解析刚体一个固定的速度 V,以冲击铝制圆管。铝制圆管则采用 S4R 单元和基于刚度的沙漏控制,材料模型采用弹塑性模型并设置损伤起始准则。各部件之间采用通用接触模型(包含自接触),通过质量缩放来模拟准静态压缩过程,质量缩放系数为 10000。

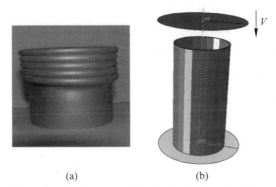

（a）　　　　　　　　　（b）

图 4-5　铝制圆管的轴向压缩的准静态屈曲模式和有限元模型示意图
（a）实验结果;（b）有限元模型

模型的几何参数:铝制圆管的半径 $r_0 = 25\mathrm{mm}$,壁面厚度 $t = 1.3\mathrm{mm}$,高度 $h = 100\mathrm{mm}$。铝制圆管的材料参数为杨氏模量 $E = 70\mathrm{GPa}$,泊松比 $\nu = 0.33$,密度 $\rho = 2700\mathrm{kg/m^3}$,屈服强度 $\sigma_Y = 81\mathrm{MPa}$,极限屈服强度 $\sigma_b = 210\mathrm{MPa}$,硬化模量 $E_h = 828.6\mathrm{MPa}$。下面介绍铝制圆管的轴向压缩模型建模过程中的两个关键设置(延性损伤起始准则和剪切损伤起始准则)。

（1）延性损伤起始准则

通常情况下,金属材料的延性损伤是与其所受的应力状态相关的,强烈依赖于材料点的应力三轴度,不同的应力三轴度反应了材料点当前所处的主导应力状态是受压、受剪还是受拉。当应力三轴度较大时,材料处于接近受拉状态。铝制圆管型材的延性损伤起始应变随应力三轴度的变化和延性损伤起始准则在 ABAQUS/CAE 界面中的设置如图 4-6 所示。

在如图 4-6 所示的延性损伤起始的数据中,三列数据分别代表了损伤起始的等效断裂应变、应力三轴度和等效应变率。

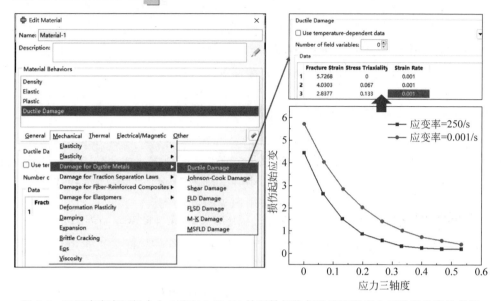

图 4-6 不同应变率下铝合金 **AA7108.50-T6** 的延性损伤起始应变随应力三轴度的变化曲线
和延性损伤起始准则在 ABAQUS/CAE 界面中的设置

（2）剪切损伤起始准则

这里以牌号为 AA7 108.50-T6 的铝合金材料为例，铝制圆管型材的剪切损伤
起始应变随剪应力比的变化和剪切损伤起始准则在 ABAQUS/CAE 界面中的设
置如图 4-7 所示。

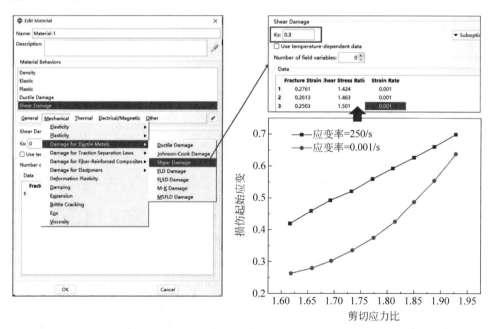

图 4-7 铝制圆管型材（AA7 108.50-T6）的剪切损伤起始应变随剪应力比的变化曲线和剪切损伤
起始准则在 ABAQUS/CAE 界面中的设置

在如图 4-7 所示的剪切损伤起始准则的数据中,三列数据分别代表了损伤起始的等效断裂应变、剪切应力比和等效应变率。

本例中的其他设置与常规的有限元计算相同。图 4-8 给出了采用两种准则计算得到的铝制圆管型材的轴向挤压变形和损伤起始云图(注意,这里只给定了损伤起始准则,没有考虑损伤演化条件),图中特别将轴向的网格放大系数改为了 0.6,以更加直观地观察二者的区别。可以看出两种损伤起始准则计算得到的损伤起始区域是不同的。

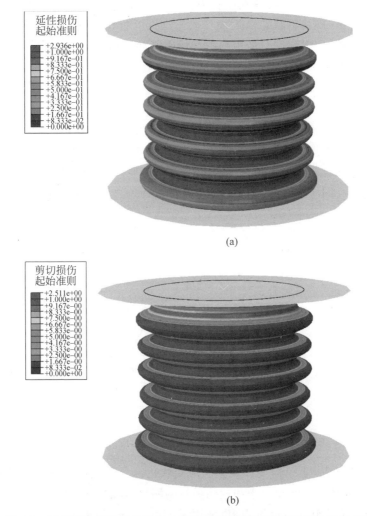

(a)

(b)

图 4-8　采用两种损伤起始准则计算得到的铝制圆管型材的轴向挤压的
变形和损伤起始云图(轴向变形放大 0.6 倍,其他方向放大 1 倍)

(a) 延性损伤起始准则;(b) 剪切损伤起始准则

本节对应的 CAE 文件和 INP 文件分别如下:

cylinderAxialCrushBulkInitialCriterion. cae；

Job-cylinderAxialCrushBulk-shear. inp；

Job-cylinderAxialCrushBulk-ductile. inp。

4.4　损伤演化准则

损伤演化准则定义了材料在损伤发生后的力学行为。也就是说，它描述了材料刚度的退化率，即材料状态满足损伤起始准则时材料刚度的退化速度。在模拟材料的损伤失效时，需要同时考虑损失起始准则和损伤演化准则。

以下公式给出了基于标量损伤方法计算应力退化的方法：

$$\boldsymbol{\sigma}=(1-d)\,\boldsymbol{\sigma}_0 \tag{4-5}$$

式中，$\boldsymbol{\sigma}_0$ 是不考虑损伤的材料应力响应。

总的损伤变量 d 包含所有主动损伤机制的综合效应。当损伤变量 $d=1$ 时，材料点已经完全失效。换句话说，当 $d=1$ 时，完全的断裂就发生了。

对于弹塑性材料来说。损伤主要表现为两种形式：①屈服应力的软化；②弹性模量的退化。图 4-9 给出了具有渐进损伤行为的弹塑性材料的典型应力-应变曲线。

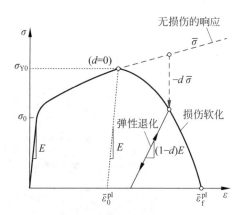

图 4-9　具有渐进损伤的弹塑性材料的应力-应变曲线

需要指出的是，应力-应变曲线上的应变软化部分不能代表一个完整的材料特性，这一点主要是基于断裂力学和损伤模拟的网格敏感性考虑的。

为了解决应变软化的问题，这里采用了 Hillerborg 的想法[25]——打开单位面积裂纹的断裂能量 G_f 是一个材料属性。损伤起始后的软化响应以应力-位移响应（而不是应力-应变响应）为主要特征进行表征。这就需要引入一个与材料点相关的特征长度参数 L。此时，材料的断裂能可以写为

$$G_{\mathrm{f}} = \int_{\bar{\varepsilon}_0^{\mathrm{pl}}}^{\bar{\varepsilon}_{\mathrm{f}}^{\mathrm{pl}}} L\sigma_{\mathrm{y}}\dot{\bar{\varepsilon}}^{\mathrm{pl}} = \int_0^{\bar{u}_{\mathrm{f}}^{\mathrm{pl}}} \sigma_{\mathrm{y}}\dot{\bar{u}}^{\mathrm{pl}} \tag{4-6}$$

式中，$\bar{u}^{\mathrm{pl}}$ 为等效塑性位移。特征长度 L 是由 ABAQUS 根据单元的几何形状自动计算的。应避免使用大长宽比的单元，以减少网格敏感性。

损伤演化规律可以用断裂能（单位面积）或等效塑性位移来指定。两种方法都考虑了单元的特征长度。式(4-5)确保了网格敏感性的影响最小。

4.4.1　基于位移的损伤演化准则

基于位移的损伤演化准则有三种典型的曲线定义方式，其定义了损伤因子 d 随等效塑性位移 $\bar{u}^{\mathrm{pl}}$ 的变化关系：①基于表格定义的方式；②线性形式；③指数形式。三种定义方式的示意图分别如图 4-10 所示。

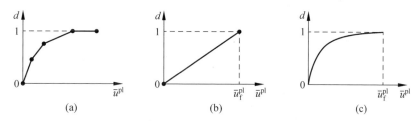

图 4-10　基于位移的损伤演化准则的三种典型的曲线定义方式
(a) 表格形式；(b) 线性形式；(c) 指数形式

基于位移的损伤演化准则需要输入损伤变量 d 完全演化到 1.0 时的等效塑性位移 $\bar{u}^{\mathrm{pl}}$。损伤变量 d 随等效塑性位移 $\bar{u}^{\mathrm{pl}}$ 的变化关系曲线可以使用拉伸测试获得，其步骤和方法如下：

(1) 绘制真实应力 σ 与在测量长度 L 上测量的总位移 u 的关系图；

(2) 对于软化分支的应力（超过损伤起始点），根据表达式 $\sigma = (1-d)\sigma_0$ 计算损伤参数 d；

(3) 计算相应的塑性位移 $\bar{u}^{\mathrm{pl}}$，如图 4-11 所示；

(4) 在没有中间数据的情况下，可以选择线性软化类型，并提供等效塑性位移 $\bar{u}_{\mathrm{f}}^{\mathrm{pl}}$。

4.4.2　基于能量的损伤演化准则

基于能量的损伤演化准则的示意图如图 4-12 所示，其定义方式包括：①线性的定义方式；②指数的定义方式。

基于能量的损伤演化准则在 ABAQUS/CAE 中的定义方式与基于位移的损伤演化准则是类似的，只是界面相同，选项不同，此时需要输入材料的断裂能 G_{f}。

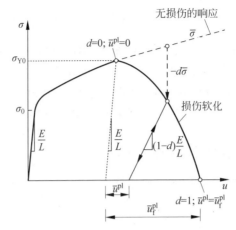

图 4-11　弹塑性材料的拉伸试验数据在应力-位移空间的示意图

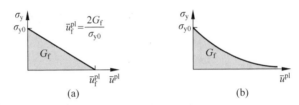

图 4-12　基于能量的损伤演化准则的示意图
（a）线性形式；（b）指数形式

4.4.3　考虑损伤演化的铝制圆管轴向压缩

　　针对铝制圆管型材的轴向压缩问题,本节进一步考虑其损伤演化过程以模拟更加真实的情况。这里仍然采用前述两种损伤起始准则（延性损伤起始准则和剪切损伤起始准则）,分别结合基于位移的损伤演化准则进行模拟,其在 ABAQUS/CAE 中的设置如图 4-13 所示。

　　采用考虑损伤演化模型的计算结果如图 4-14 所示。从图中可以发现,考虑损伤演化后可以模拟损伤变量的演化过程。对于本节中的问题,考虑损伤演化后,延性损伤起始准则模拟的结果与实验现象更加符合,剪切损伤起始准则计算了非物理的结果。事实上,对于金属薄壁结构,延性损伤起始准则更适合描述其损伤和失效过程。

　　本节中的 CAE 文件和 INP 文件分别如下:

cylinderAxialCrushBulkEvolutionCriterion. cae;

Job-cylinderAxialCrushBulk-Evol-ductile. inp;

Job-cylinderAxialCrushBulk-Evol-shear. inp。

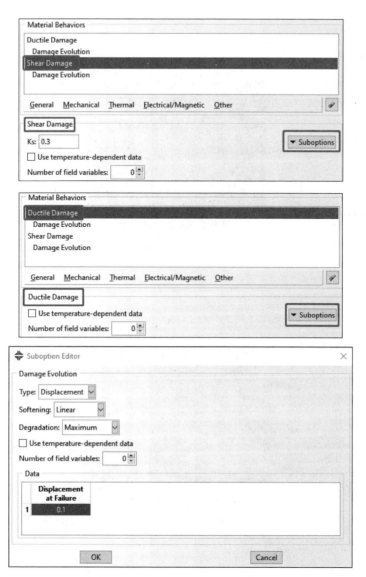

图 4-13 两种损伤起始准则和基于位移的损伤演化准则的设置

4.4.4 铝制圆管的扭转撕裂模拟

本节考虑一个铝制圆管的扭转撕裂问题,其模型示意图如图 4-15 所示,模型的尺寸和材料参数与 4.4.3 节考虑损伤演化的铝制圆管的轴向压缩的示例相同,损伤模型采用延性损伤起始准则和基于位移的损伤演化准则,损伤变量完全演化到 1 时的塑性位移 $\bar{u}^{\mathrm{pl}}$ 设置为 0.1。

铝制圆管的两端分别和两个刚体的表面做 * Tie 约束,固定其中一个刚体的

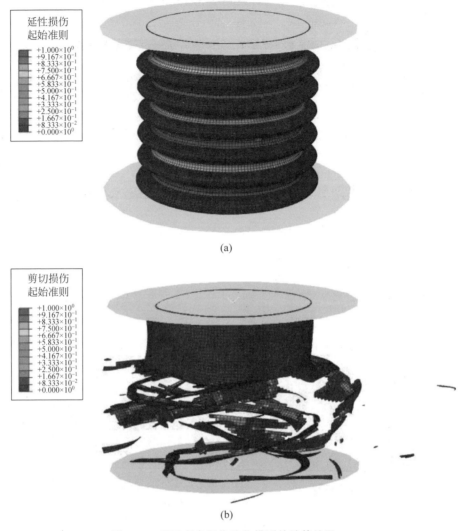

图 4-14　采用考虑损伤演化模型的计算结果

（a）延性损伤起始准则；（b）剪切损伤起始准则

参考点，在另一个刚体的参考点上施加扭转载荷（对应的自由度为 UR3），扭转的角速度为 2.0rad/s，约束刚体的其他自由度。这样，圆管会受到一个扭转的作用（产生轴向的反力矩），同时会产生轴向的反力以保证圆管的两端在扭转的过程中不会相互靠近。其他的设置均与 4.4.3 节相同。

　　计算得到的在不同扭转角度下铝制圆管的变形和损伤失效情况如图 4-16 所示。随着扭转角度的增大，铝制圆管首先发生了明显的屈曲变形，当扭转角接近 3.0rad 时，在铝制圆管的中心内凹屈曲处发生了损伤失效；当扭转角继续增大时，损伤逐渐扩展，到扭转角接近 6.0rad 时，铝制圆管在中心位置被完全撕断，结构分

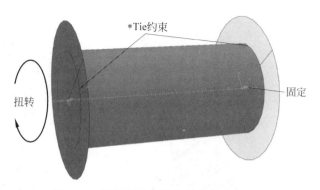

图 4-15　铝制圆管扭转撕裂的模型示意图

解为两个独立的部分。由于在加载的过程中主要发生了塑性屈曲,所以圆管被撕裂后不能恢复。

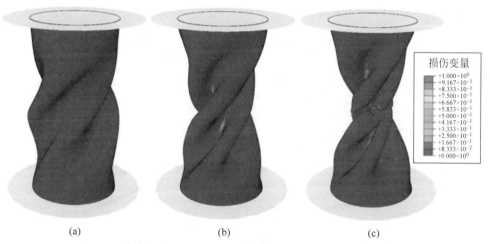

图 4-16　不同的扭转角度下,铝制圆管的变形和损伤失效情况

(a) $\varphi = 1.5\text{rad}$;(b) $\varphi = 3.0\text{rad}$;(c) $\varphi = 6.0\text{rad}$

　　为了考察网格对计算结果的影响,分别计算了网格尺寸为 1.0mm 和 1.5mm 的两种情况,图 4-17 给出了铝制圆管在扭转角为 6.0rad 时的变形和应力云图。从图中可以看出,两种网格尺寸下铝制圆管扭转撕裂的变形和失效情况是一致的。为了进一步定量考察网格的影响,图 4-18 给出了两种网格下的反作用力和力矩随加载的变化曲线。可以看出,两种网格下的计算结果定量吻合良好。反作用力和力矩的比较证实了计算结果的网格不敏感性。

　　本节示例对应的 CAE 文件和 INP 文件分别如下:

cylinderTwistTear. cae;

Job-cylinderTwistTear-ductile-finemesh. inp;

Job-cylinderTwistTear-ductile-coarsemesh. inp。

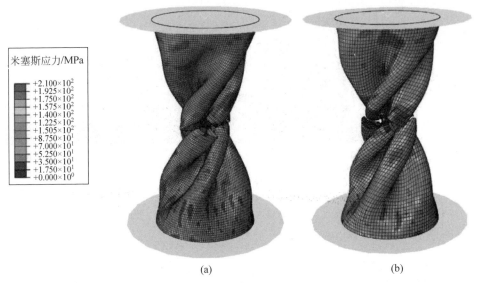

图 4-17　不同网格密度下铝制圆管在扭转角为 **6.0rad** 时的变形和应力云图

(a) 网格尺寸 1.0mm；(b) 网格尺寸 1.5mm

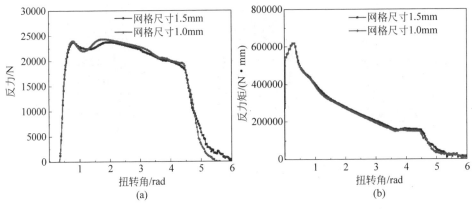

图 4-18　两种网格下的反作用力和力矩随加载的变化曲线

(a) 反力-扭转角曲线；(b) 反力矩-扭转角角度

4.5　单元删除法

　　单元删除法是计算材料断裂和失效问题的一个有效方法，特别是对于深侵彻、切削、岩石压缩破坏等问题。一旦材料的刚度完全退化（单元完全失效），就可以将单元从网格中移除。当任何一个积分点上的所有截面点都失去其承载能力时，该单元即被认为完全失效。在默认情况下，失效的单元会从网格中删除。如图 4-19 所示分别是不考虑单元删除和考虑单元删除设置后，计算得到的刚性小球侵彻靶板的结果。如果不设置单元删除,失效的单元会发生严重的畸变,从而导致计算无法进行。

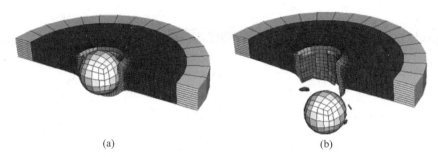

(a)   (b)

图 4-19 不考虑单元删除和考虑单元删除设置后,计算得到的刚性小球侵彻靶板的结果

(a) 不考虑单元删除;(b) 考虑单元删除

4.5.1 在完全退化之前移除失效的单元

当材料点的整体损伤变量 d 达到临界值 d_{max} 时,材料点被假设为失效了。可以通过指定最大退化 d_{max} 来指定材料在失效时的损失程度。如果要在单元完全失效时将单元从网格中移除,则 d_{max} 为 1.0;也可以将其设置为小于 1.0 以定义提前失效的材料。在实际的模拟仿真中,当损伤变量 d 接近 1.0 时,单元的性质往往会变差(如容易发生畸变),此时,可以通过设置一个较小的临界值 d_{max} 来提高模型的收敛性。在 ABAQUS 中,d_{max} 的默认值为 1.0。在 ABAQUS/CAE 中的设置方法如图 4-20 所示(这里设置 $d_{max}=0.9$,即当某个单元的损伤因子达到 0.9 时,该单元会被删除)。

有时也可以选择不从网格中移除失效的单元,一般对应于需要模拟失效面的接触的情况。在这种情况下,d_{max} 的默认值为 0.99,可以确保单元在模拟中始终保持激活的状态,其剩余刚度至少为原始刚度的 1%。这里,d_{max} 代表剪切刚度(三维)、总刚度(平面应力)或单轴刚度(一维)的最大退化。未从网格中移除的失效单元可以承受静水压应力载荷。

4.5.2 单元删除相关的输出变量

与单元删除相关的输出变量主要有两个,分别是 SDEG 和 STATUS。其中,输出变量 SDEG 包含损伤标量 d,其取值范围为 0~1。$d=0$ 表示材料是完好的,没有发生损伤;$d=1$ 表示材料完全失效了;从 0~1 的过渡表示材料发生了部分损伤,刚度有所降低,但是还未完全失效。输出变量 STATUS 表示一个单元是否失效。STATUS=0 表示失效的单元,STATUS=1 表示未失效的单元。

当输出的数据库文件(.odb)包含变量 STATUS 时,ABAQUS/Viewer 在后处理结果中将自动删除失效的单元。如果想在结果文件中查看失效的单元,可以

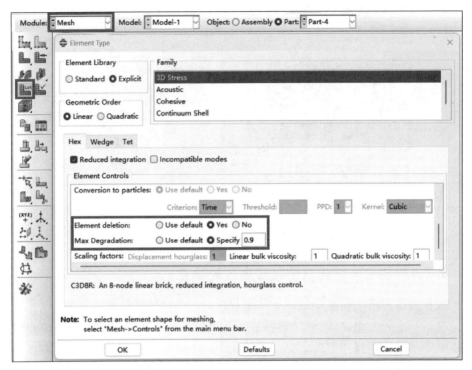

图 4-20 在 ABAQUS/CAE 中设置单元删除的界面

停用状态变量 STATUS。

4.5.3 金属板的切削模拟

机械加工被用于制造各种行业的重要零部件,包括汽车、航空航天、国防、电子、建筑、电气、造船等行业[26-28]。就生产的数量而言,机械加工是金属材料最普遍的制造方式。常见的机械加工方式包括锯、拉、磨、钻、铣、车和整形等,其中的很多加工方式,如钻、铣、车等的一个共性操作就是金属的切削。因此,分析金属切削过程中的切削力、扭矩和切屑大小等对于深入理解切削过程、指导切削操作和优化操作流程等具有重要的意义。

本节通过一个金属板的切削示例,详细阐述如何建立包含损伤和失效的有限元模型对切削过程进行分析。建立一个准二维(平面应变条件)的切削有限元模型(三维模型,厚度方向采用一层单元并约束法向的自由度以满足平面应变条件),金属板的面内尺寸为 10cm×5cm,切削厚度为 0.4cm,材料参数如表 4-1 所示,包括弹塑性参数、损伤参数和热传导参数,塑性模型采用 Johnson-Cook 塑性本构模型。刀具采用解析刚体进行模拟,刀具的切削面和垂直方向的夹角为 15.64°,切削速度为 0.25m/s。切削的总计算时间为 2s,在该段时间内,可以完成一半的试样切削工作。金属板切削的模型示意图和局部的网格视图如图 4-21 所示,切削金属板的材料参数如表 4-1 所示。由于重点关注切削部分的变形和失效,在远离切削的位置,采用过渡网格划分技术,以减小整体模型的网格数量,提高计算效率。通过设置单元删除以去除完全失效的单元。

表 4-1 切削金属板的材料参数

E/GPa	ν	A/GPa	B/GPa	C	n	m	$\theta_{\text{m}}/\text{℃}$
210	0.3	1.15	0.739	0.014	1.03	0.26	1723
$\rho_0/(\text{kg}/\text{m}^3)$	$k/(\text{W}/(\text{m}\cdot\text{℃}))$	$c/(\text{J}/(\text{kg}\cdot\text{℃}))$	$\alpha_\theta/(10^{-6}/\text{℃})$	χ	$G_C/(\text{N}/\text{m})$	$\varepsilon_c^{\text{shear}}$	$\varepsilon_c^{\text{tensile}}$
7800	44.5	502	12.6	0.9	40000	0.95	0.2

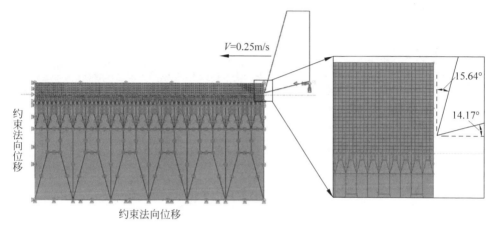

图 4-21 金属板切削的模型示意图和局部的网格视图

当切削厚度为 0.5cm 时,计算得到的几个典型时刻($t=3\text{ms}$、8ms、15ms、20ms)的变形云图和切削产生的切屑(卷边)如图 4-22 所示。从计算结果可以看出,切削过程近似均匀地产生了大小相近的切屑,切削的原理是卷起的部分弯曲到一定程度后,试样在接近刀具根部的局部受到强烈的拉伸和剪切作用(特别是剪切作用),导致试样局部快速断裂,形成切屑,刀具瞬间卸载;随着刀具的进一步推进和加载,重复上述过程,形成切削条带,弯曲被推进到一定程度,再剪切断裂,直到整个切削过程完成。

切削过程中金属发生剧烈塑性变形,产生大量的热,当切削速度较快时,热量不能有效扩散,会导致局部试样产生较大的温升。图 4-23 给出了一个典型时刻($t=15\text{ms}$)的试样内部的温度分布情况,可以看出,试样的温升有明显的局部化特征,主要发生在切削变形较大的一层中。试样的整体温升约为 200℃(由 298℃升高到约 500℃)。此外,在试样的局部存在明显的热点,最大温升可达 400℃以上。

改变切削厚度为 0.1cm,其他条件不变,计算得到的几个典型时刻的变形云图和切削产生的切屑(卷边)如图 4-24 所示。可以看出,尽管是同一种材料,随着切

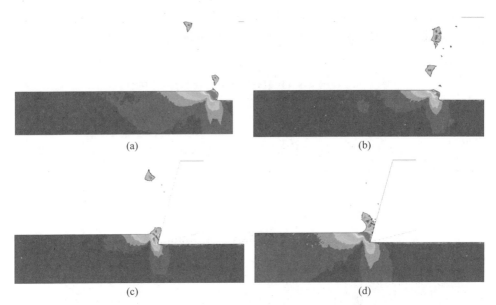

图 4-22　当切削厚度为 0.5cm 时,计算得到的几个典型时刻的变形云图和切削产生的切屑
（卷边）

(a) $t=3$ms；(b) $t=8$ms；(c) $t=15$ms；(d) $t=20$ms

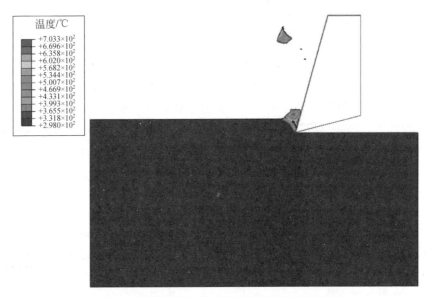

图 4-23　典型时刻(15ms)试样内的温度分布情况

削厚度的减小,切削过程也变得更加"韧"了,可以形成较长的卷曲条带结构。当条带卷曲到一定程度时(在本节的条件下,当卷曲接近一圈半时),会因受到刀具和试样自由面的相互挤压而断裂,形成一个卷曲的切屑。重复上述过程,直到切削完成。需要指出的是,此时的挤压断裂点(两点挤压导致的局部拉伸断裂)并不在试

样接近刀具根部的位置,因此不能对刀具形成完全的卸载,这在后文的刀具水平方向反力随时间的变化曲线中也可以看出。

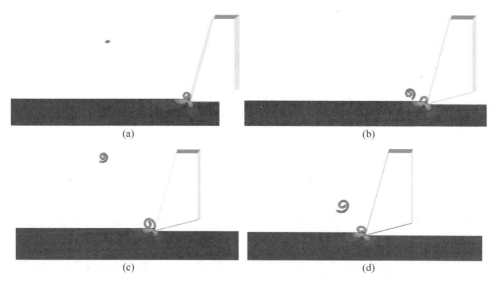

图 4-24　当切削厚度为 **0.1cm** 时,计算得到的几个典型时刻的变形云图和切削产生的切屑(卷边)

(a) $t=5\mathrm{ms}$;(b) $t=10\mathrm{ms}$;(c) $t=15\mathrm{ms}$;(d) $t=20\mathrm{ms}$

两种切削厚度下刀头水平方向的反力随时间的变化(因为是匀速切削,该图也可以认为是刀头水平方向的反力随加载位移的变化)如图 4-25 所示。可以看出,两种情况下水平方向的切削反力在整体上是一个恒定的力,该恒定力的大小和

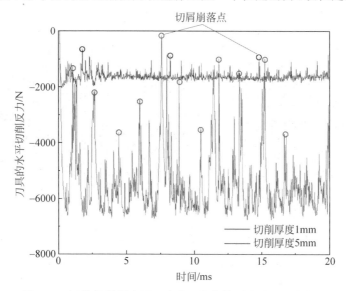

图 4-25　两种切削厚度下刀头水平方向的反力随时间的变化

切削厚度正相关,切削厚度越厚,切削所需要的力越大。此外,在较大的切削厚度下,切削反力的波动更加剧烈,特别是在卷起的条带局部断裂的时刻,刀具会瞬时快速卸载,反力会先减小到接近 0,再快速加载到平均力的水平,由于切屑几乎是均匀产生的,切削反力的快速卸载和加载具有明显的周期性。图中的红色和黑色圆圈标示了两种切削厚度下切屑崩落的时间点,与切削反力的快速卸载点是一一对应的。

本节建模的 CAE 文件和 INP 文件分别如下:

cutting_3d_ductile_shear_damage. cae;

Job-qiexue-3d-3-unitcm-v250-cutt1mm. inp;

Job-qiexue-3d-3-unitcm-v250. inp。

4.6   纤维增强复合材料中的损伤

纤维增强聚合物复合材料在纤维方向上表现出优异的比刚度和比强度,因此在结构材料方面有广泛的应用。在失效发生之前,纤维和基体的行为非常接近于等应变近似,可以开发解析模型来准确预测纤维方向的拉伸和压缩强度[29]。但是,一旦纤维增强复合材料发生失效,其行为就会变得很复杂,包含不同的失效模式。因此,需要可以描述不同失效模式的数值方法对其进行准确的模拟。

对于典型的纤维增强复合材料,其损伤失效可以考虑四种不同的失效模式:①纤维在张力下的断裂;②纤维在压缩状态下的屈曲和扭结;③横向拉伸和剪切下的基体开裂;④横向压缩和剪切下的基体破碎。纤维增强复合材料中的常见损伤破坏类型如图 4-26 所示。

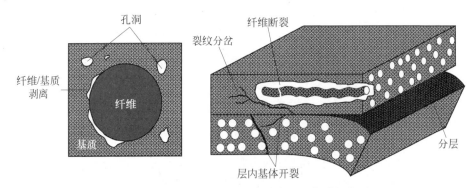

图 4-26   纤维增强复合材料中的常见损伤破坏类型

ABAQUS 为用户提供了模拟纤维增强复合材料中的渐进损伤和失效的通用方法。下面重点介绍在 ABAQUS 中进行纤维增强复合材料的损伤模拟的关键步骤和设置。

4.6.1 纤维增强复合材料损伤模拟的关键步骤

1. 设置纤维增强复合材料的损伤起始准则

一个经典的纤维增强复合材料的损伤起始的准则是 Hashin 准则[30-31]，该准则考虑了四种不同的损伤起始机制：纤维拉伸、纤维压缩、基体拉伸和基体压缩。Hashin 准则的损伤起始有以下一般形式：

纤维拉伸（$\hat{\sigma}_{11} \geqslant 0$），

$$F_f^t = \left(\frac{\hat{\sigma}_{11}}{X^T}\right)^2 + \alpha \left(\frac{\hat{\tau}_{12}}{X^S}\right)^2 \tag{4-7}$$

纤维压缩（$\hat{\sigma}_{11} < 0$），

$$F_f^c = \left(\frac{\hat{\sigma}_{11}}{X^C}\right)^2 \tag{4-8}$$

基体拉伸（$\hat{\sigma}_{22} \geqslant 0$），

$$F_m^t = \left(\frac{\hat{\sigma}_{22}}{Y^T}\right)^2 + \left(\frac{\hat{\tau}_{12}}{X^S}\right)^2 \tag{4-9}$$

基体压缩（$\hat{\sigma}_{22} < 0$），

$$F_m^c = \left(\frac{\hat{\sigma}_{22}}{2Y^S}\right)^2 + \left[\left(\frac{Y^C}{2Y^S}\right)^2 - 1\right]\left(\frac{\hat{\sigma}_{22}}{Y^C}\right) + \left(\frac{\hat{\tau}_{12}}{X^S}\right)^2 \tag{4-10}$$

式中，F 表示典型损伤起始预测（大于 1 表示损伤初始）；下标 f 和 m 分别代表纤维和基质；上标 t/T、c/C、S 分别表示拉伸、压缩剪切；X、Y 分别表示纵向、横向；X^T、X^C、Y^T、Y^C、X^S 和 Y^S 分别代表纵向拉伸强度、纵向压缩强度、横向拉伸强度、横向压缩强度、纵向抗剪强度和横向抗剪强度；α 是决定剪切应力对纤维拉伸起始标准贡献的系数；$\hat{\sigma}_{11}$、$\hat{\sigma}_{22}$ 和 $\hat{\tau}_{12}$ 是有效应力张量的分量。上述应力分量构成的应力张量$\hat{\sigma}$ 用于评估损伤起始，其计算公式如下：

$$\hat{\sigma} = M\sigma \tag{4-11}$$

式中，$\hat{\sigma}$ 是真实应力，M 是损伤因子矩阵，其表达式如下：

$$M = \begin{bmatrix} \dfrac{1}{1-d_f} & & \\ & \dfrac{1}{1-d_m} & \\ & & \dfrac{1}{1-d_s} \end{bmatrix} \tag{4-12}$$

式中，d_f、d_m 和 d_s 是表征纤维、基体和剪切损伤的内部损伤变量，由损伤变量 d_f^t、d_f^c、d_m^t 和 d_m^c 导出，对应于前文讨论的四种失效模式：

$$d_{f} = \begin{cases} d_{f}^{t}, & \hat{\sigma}_{11} \geqslant 0 \\ d_{f}^{c}, & \hat{\sigma}_{11} < 0 \end{cases} \tag{4-13}$$

$$d_{m} = \begin{cases} d_{m}^{t}, & \hat{\sigma}_{22} \geqslant 0 \\ d_{m}^{c}, & \hat{\sigma}_{22} < 0 \end{cases} \tag{4-14}$$

$$d_{s} = 1 - (1 - d_{f}^{t})(1 - d_{f}^{c})(1 - d_{m}^{t})(1 - d_{m}^{c}) \tag{4-15}$$

有效应力是指作用在有效抵抗内力的受损区域上的应力。在任何损伤开始和演化之前,损伤因子矩阵等于单位矩阵。因此,一旦至少一种模式发生了损伤起始和演化,损伤因子矩阵在其他模式的损伤起始准则中就变得非常重要。

上述损伤起始准则可以专门用于通过设置 $\alpha = 0$ 和 $S^{T} = Y^{C}/2$ 获得的损伤模型(Hashin 和 Rotem 于 1973 年提出)[30],或用于通过设置 $\alpha = 0$ 获得的损伤模型(Hashin 于 1980 提出)[31]。

Hashin 损伤起始准则在 ABAQUS/CAE 界面中的定义如图 4-27 所示,依次需要输入纵向拉伸强度、纵向压缩强度、横向拉伸强度、横向压缩强度、纵向抗剪强度和横向抗剪强度 6 个强度参数(X^{T}、X^{C}、Y^{T}、Y^{C}、S^{L} 和 S^{T}):

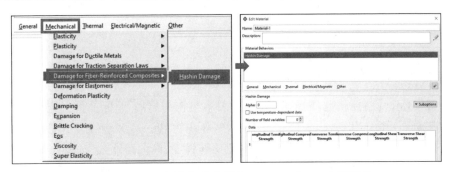

图 4-27　Hashin 损伤起始准则在 ABAQUS/CAE 中的定义

2. 设置纤维增强复合材料的损伤演化准则

前文讨论了平面应力纤维增强复合材料的损伤起始准则。下面将讨论指定损伤演化模型情况下的后损伤力学行为(损伤演化准则)。在损伤发生之前,材料是线性弹性的,具有平面应力正交各向异性材料的刚度矩阵。在损伤发生之后,材料的响应行为通过下式计算:

$$\boldsymbol{\sigma} = \boldsymbol{C}_{d}\boldsymbol{\varepsilon}^{el} \tag{4-16}$$

式中,$\boldsymbol{\varepsilon}^{el}$ 是弹性应变,$\boldsymbol{C}_{d}$ 是损伤折减的刚度矩阵:

$$\boldsymbol{C}_{d} = \frac{1}{D} \begin{bmatrix} (1-d_{f})E_{1} & (1-d_{f})(1-d_{m})\nu_{21}E_{1} & 0 \\ (1-d_{f})(1-d_{m})\nu_{12}E_{2} & (1-d_{m})E_{2} & 0 \\ 0 & 0 & (1-d_{s})GD \end{bmatrix}$$

$$\tag{4-17}$$

式中,

$$D = 1 - (1 - d_f)(1 - d_m)\nu_{12}\nu_{21} \qquad (4\text{-}18)$$

式中,损伤变量 d_f、d_m 和 d_s 的含义及计算方法见前文损伤起始准则中的描述。

纤维增强复合材料的损伤演化准则在 ABAQUS/CAE 中的定义如图 4-28 所示,需要输入的参数依次为纵向拉伸断裂能、纵向压缩断裂能、横向拉伸断裂能和横向压缩断裂能。

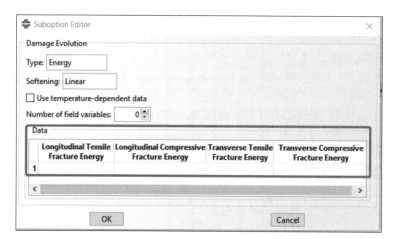

图 4-28 纤维增强复合材料的损伤演化准则在 ABAQUS/CAE 中的定义

3. 设置黏性正则化参数

为了提高求解的收敛性,可以为纤维增强复合材料的损伤模拟设置黏性正则化参数,在 ABAQUS 可以设置四个黏性正则化参数,分别是纵向拉伸的黏性系数、纵向压缩的黏性系数、横向拉伸的黏性系数和横向压缩的黏性系数。这些参数一般可以取较小值,不影响结构的整体响应,其默认值为 1.0×10^{-5}。

4.6.2 纤维增强复合材料损伤相关的输出变量

在 ABAQUS 中,与纤维增强复合材料的损伤相关的输出变量主要分为以下四类:损伤起始准则的输出变量、损伤的输出变量、状态的输出变量和全局的输出能量。

(1)损伤起始准则的输出变量,包括

HSNFTCRT:纤维拉伸 Hashin 准则;

HSNFCCRT:纤维压缩 Hashin 准则;

HSNMTCRT:基体拉伸 Hashin 准则;

HSNMCCRT:基体压缩 Hashin 准则。

(2)损伤的输出变量,包括

DAMAGEFT:纤维拉伸损伤变量;

DAMAGEFC:纤维压缩损伤变量;

DAMAGEMT：基体拉伸损伤变量；

DAMAGEMC：基体压缩损伤变量。

（3）状态的输出变量，包括

STATUS-单元的状态（1 表示未删除，0 表示已经删除）。

（4）全局的输出能量，包括

损伤能量（ALLDMD：因损伤而耗散的总能量；DMENER：每单位体积因损伤而耗散的能量；ELDMD：单元中因损伤而耗散的能量；EDMDDEN：单元中每单位体积因损伤而耗散的能量）；黏性正则化能量（ALLCD：因黏性而耗散的总能量；CENER：每单位体积因黏性而耗散的能量；ELCD：单元中因黏性而耗散的能量；ECDDEN：单元中每单位体积因黏性而耗散的能量）。

4.6.3   含有钝缺口的纤维金属层压板的分析

纤维金属层压板（fiber metal laminate，FML）由层压薄铝层和中间玻璃纤维增强环氧树脂层组成。其优越的性能（例如与实心铝板相比具有高断裂韧性和低密度）在航空航天工业中引起了极大关注。

本节考虑一个含有圆形钝口缺陷的 Glare 3 纤维金属层压板在拉伸载荷下的变形和失效。这类问题在航空航天工业中很重要，因为钝切口（如紧固件孔）通常出现在飞机结构中；包含钝缺口的结构强度是一个关键的设计参数。本节提供的模型演示了如何预测钝缺口的强度、纤维增强环氧树脂层中纤维和基体的失效模式，以及纤维金属层压板不同层之间的分层。该纤维金属层压板由以下三部分组成（图 4-29）：①层状薄铝层；②中间的玻璃纤维增强的环氧树脂层；③各层之间的胶接层[32]。

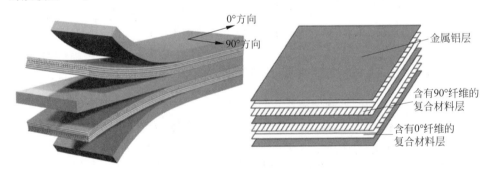

图 4-29   Glare 3 纤维金属层压板及其组成

含有钝口的 Glare 3 纤维金属层压板的宏观几何形状（Glare 3 3/2-0.3）和详细尺寸如图 4-30 所示。

含有圆形钝口的纤维金属层压板的厚度方向的视图和几何尺寸如图 4-31 所示，从上到下依次为金属铝层（0.15mm）、黏结层（0.001mm）、0°纤维增强树脂层（0.125mm）、黏结层（0.001mm）、90°纤维增强树脂层（0.125mm）、金属铝层（0.30mm）。

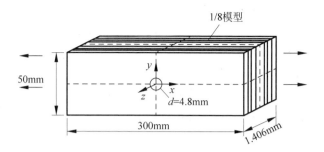

图 4-30 含有钝口的纤维金属层压板在单轴拉伸载荷作用下的示意图

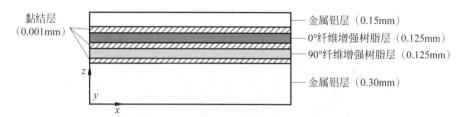

图 4-31 含有钝口的纤维金属层压板的厚度方向的视图

采用内聚力单元(将在第 5 章详细讨论)模拟层间的黏结和分层,使用 ABAQUS 内置的 Hashin 损伤模型预测纤维增强环氧树脂层的失效行为。由于模型和载荷的对称性,为了提高计算效率,选取了 1/8 模型进行建模,采用三个对称面边界条件,建立如图 4-32 所示的有限元模型。

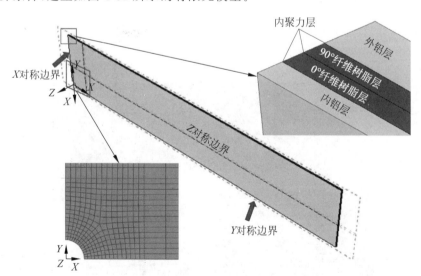

图 4-32 预测纤维增强环氧树脂层的失效行为的有限元模型(1/8 模型)

在 ABAQUS/Explicit 中进行模拟,只考虑沿 0°层方向的载荷。模拟在没有损伤的稳定情况下进行,并且没有使用质量缩放技术。为了减少计算时间,降低计算成本,在较短的时间间隔内(0.005s)施加总的载荷。显式动态模拟的整体响应结果中的高频噪声通过抗混叠滤波器来消除。需要说明的是,模拟中不使用损伤稳定化参数,能够较好地捕捉损伤和失效过程中固有的动态行为。

通过上述损伤模型计算得到的纤维金属层压板中的0°和90°纤维增强复合材料层的损伤分布情况如图4-33和图4-34所示。从图中可以看出,0°和90°的纤维增强树脂层的损伤情况有显著差异,由于单轴加载方向和0°方向垂直,0°纤维增强复合材料层的基体在该方向未被增强,产生了贯穿整个板的损伤。该损伤区域附近的纤维也有一定程度的拉伸损伤。而90°纤维增强复合材料层的纤维完全没有发生损伤,基体也没有拉伸损伤,由于泊松比的作用,在该层的另一个方向上发生了大范围的压缩损伤。

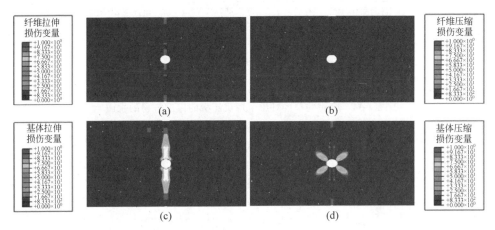

图4-33 模拟得到的含有钝口的纤维金属层压板的0°复合材料层的纤维和基体损伤分布
(a) 纤维拉伸损伤;(b) 纤维压缩损伤;(c) 基体拉伸损伤;(d) 基体压缩损伤

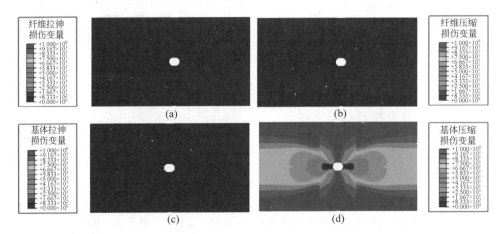

图4-34 模拟得到的含有钝口的纤维金属层压板的90°复合材料层的纤维和基体损伤分布
(a) 纤维拉伸损伤;(b) 纤维压缩损伤;(c) 基体拉伸损伤;(d) 基体压缩损伤

模拟得到的圆形钝口附近的三个胶接层的内聚力单元的损伤情况如图 4-35 所示。可以发现,圆形钝口附近的胶结层发生了一定程度的脱黏,特别是靠近最内层的胶结层。模拟得到的内外层铝板的等效塑性应变分布如图 4-36 所示。从图中可以看出,沿着垂直于加载的方向,从圆形钝口射出一条聚集的塑性损伤带,一直扩展到了铝板的边界。

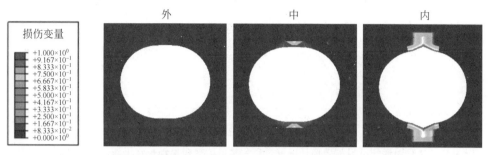

图 4-35　模拟得到的圆形钝口附近的三个胶接层的内聚力单元损伤情况

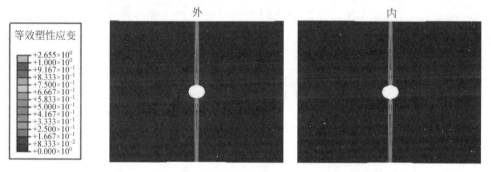

图 4-36　模拟得到的内外层铝板的等效塑性应变分布

计算得到的结构加载的力-位移时间曲线如图 4-37 所示。在初始阶段,载荷随加载位移的增加接近线性地增加(由于动态效应,会有一定的波动)。此时,各层均未发生损伤或塑性变形。当加载的总位移达到约 0.7mm 时,金属层压板结构开始发生局部损伤,结构整体的刚度降低(体现为载荷位移曲线的斜率变小),直至加载到位移约为 2.25mm 时,载荷开始迅速降低,说明结构的局部发生了严重的损伤,导致结构整体的承载能力快速下降。

本节对应的 CAE 文件和 INP 文件分别如下:

fiberMetalLaminateHashin. cae;

fiberMetalLam_sc8r_0du-denoise. inp。

需要说明的是,在实际工程中,往往会遇到更加复杂的纤维增强复合材料的失效问题。例如在航空航天应用中,复合材料结构中几乎看不见的冲击损伤(barely visible impact damage,BVID)。为了对这类问题进行准确的分析,需要先进行静力分析,再进行动态冲击损伤分析。此时需要联合 ABAQUS/Standard 和

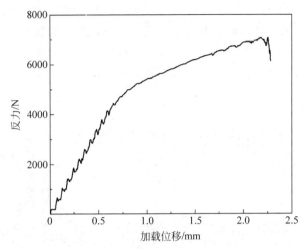

图 4-37　含有圆形钝缺口的玻璃纤维增强复合材料试样在单轴拉伸下的反力-加载位移曲线

ABAQUS/Explicit，先在 ABAQUS/Standard 中进行静力分析，再将结果作为在
ABAQUS/Explicit 中进行动态冲击损伤的初始条件。此时需要导入这两个分析
过程的结果，ABAQUS 允许从 ABAQUS/Explicit 向 ABAQUS/Standard 导入纤
维增强复合材料的损伤模型。

第 5 章

内聚力区模型

第 5 章图片和程序

5.1 内聚力区模型概述

在基于线性弹性断裂力学对裂纹扩展问题进行模拟时,需要在试件中预制裂纹,并且要求裂纹尖端存在奇异性。内聚力区模型避免了线性弹性断裂力学的这些弊端,提供了一种解决裂纹扩展问题的新手段。内聚力区模型的概念由Dugdale[33] 和 Barenblatt[34] 分别提出,应用于断裂力学问题的建模。此后又有许多延伸和扩展。例如,Needleman[35] 认识到,当界面强度与相邻材料相比较弱时,内聚力单元技术是特别有吸引力的一个方法。一个典型的应用实例是复合材料层合板和用黏合剂黏合的零件的模拟,如图 5-1 所示。该模拟采用内聚力单元进行T 形剥离问题的分析,内聚力单元被用于建立黏性补丁模型。近年来,内聚力区模型的应用范围越来越广,从最开始的脆性材料扩展到金属材料、高分子材料、复合材料、功能梯度材料,其已被广泛应用于裂纹萌生、动态裂纹扩展,以及复合材料界面脱黏等具体的工程问题中。

内聚力区模型是一种唯象模型,研究者根据不同材料所具有的损伤破坏特性,提出了众多内聚力区模型的张力位移关系,主要有双线性、梯形、指数型,以及多项式等形式。内聚力行为在模拟黏合剂和黏合界面等时非常有用。例如,①模拟两个最初黏合的表面的分离过程;②模拟黏合剂的渐进失效过程;③模拟复合材料的分层过程。

用宏观的"内聚定律"可以处理复杂的断裂机制,该定律将界面上的牵引力与分离位移联系起来。在 ABAQUS 中,内聚力行为可以通过以下两种方式进行建模和模拟:

(1) 基于单元的内聚力行为,即建立内聚力界面单元(cohesive element),并采用内聚力单元进行界面单元的变形和失效行为的模拟;

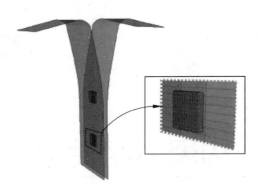

图 5-1　采用内聚力单元进行 T 形剥离问题的模拟分析

（2）基于表面的内聚力行为，在 ABAQUS/Standard 中采用接触对建模，在 ABAQUS/Explicit 中采用通用接触建模，界面的接触力随张开位移的变化满足内聚力行为。

5.1.1　内聚力单元

内聚力单元通过一种基于单元的内聚力行为对材料界面的黏结行为进行描述，其允许对黏附连接进行非常详细的建模，包括指定详细的黏合剂材料属性、直接控制连接网格、对有限厚度的黏合剂建模等。在 ABAQUS 中，内聚力单元主要用于解决以下两类问题：①黏性连接问题，如有限厚度的胶黏剂层，通常情况下，这类问题的基体材料属性是已知的；②分层问题，如厚度为 0 的胶合层，通常情况下，这类问题的基体材料属性是未知的。

内聚力单元的本构模型的建立取决于所研究问题的类别，主要包括以下两类：

（1）基于宏观属性（刚度、强度）的胶接点的建模

该建模方式的一大优点是可以使用任何 ABAQUS 中已有的材料模型，其建模技术相对直接，黏着层采用有限的厚度，并采用标准材料模型（包括损伤）建模。

（2）基于分层的牵引-分离描述的建模

该建模方式使用的是带有损伤的线性弹性模型，其建模技术不太直接，典型的应用是使用厚度为 0 的内聚力单元，并采用非标准的材料模型（专门用于内聚力单元的材料模型）。

此外，也可以对横向无约束的黏性贴片的单轴响应建模，这代表了一个垫圈的行为。但是，用内聚力单元对垫片进行建模的能力有限，在厚度方向上的响应的复杂性不如 ABAQUS/Standard 中可用的垫圈单元丰富。然而，与垫圈单元相比，内聚力单元是完全非线性的（可用于有限应变和旋转），在动态分析中可以有质量，并且在 ABAQUS/Standard 和 ABAQUS/Explicit 中都可用。本章不进一步讨论使用内聚力单元为垫片建模的问题。

5.1.2　内聚力表面

基于表面的内聚力行为是模拟黏性连接的一个简易方法,其使用牵引-分离界面行为,通过表面之间的相互作用进行描述。它提供的功能与使用牵引-分离行为建模的内聚力单元相似。但是,它不需要通过额外的内聚力单元定义来实现。此外,内聚力表面可以在任何时候建立接触(也称"黏性"接触),主要用于界面厚度小得可以忽略不计的情况,且必须通过表面相互作用属性来定义。需要强调的是,内聚力表面的损伤是一种相互作用(interaction)的属性,而不是一种材料(property)的属性。内聚力表面的运动学与内聚力单元的运动学不同。在默认情况下,界面的初始刚度是由 ABAQUS 的内置程序自动计算的。

5.2　基于单元的内聚力区模型

5.2.1　内聚力单元技术

在 ABAQUS 中,基于单元的内聚力区行为(element-based cohesive behavior,内聚力单元)的示意图如图 5-2 所示,这里以三维内聚力单位为例。实际上,ABAQUS 为用户提供了多种类型的内聚力单元,可以根据具体问题进行选择,主要包括

(1) 三维内聚力单元：COH3D8(P)、COH3D6；

(2) 二维内聚力单元：COH2D4(P)；

(3) 轴对称内聚力单元：COHAX4。

上述内聚力单元可以通过共节点或 *Tie 约束的方式嵌入有限元模型。在以上给出的单元类型符号中,括号中的 P 表示含有孔隙压力自由度的内聚力单元,该类型的单元可以用于模拟满足流体润滑方程的流动过程,如模拟石油工程中的水力压裂过程中裂缝内流体的流动[36]。

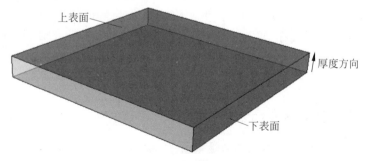

图 5-2　内聚力单元示意图

（1）内聚力单元和截面定义

内聚力单元和基于牵引-分离的截面行为在 ABAQUS/CAE 中的定义方式如图 5-3 所示，除牵引-分离的截面行为外，还有连续体和垫圈响应的截面行为。

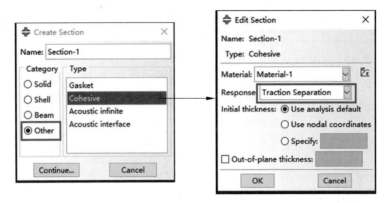

图 5-3　内聚力单元和基于牵引-分离的截面行为在 ABAQUS/CAE 中的定义

（2）内聚力单元的默认厚度

对于内聚力单元，需要指定单元的厚度，其依赖于所采用的内聚力的响应行为。对于牵引-分离响应，内聚力单元的厚度为单位厚度；对于连续体和垫圈响应，单元的厚度为基于结点坐标的几何厚度。

（3）内聚力单元的输出变量

和内聚力单元相关的输出变量主要有两个：①标量损伤（退化）变量（SDEG），即损伤变量 d，用于表示材料积分点当前的损伤程度；②单元状态标志变量（STATUS），其值为 0 或 1，用于表示单元是否完全发生了损伤。

（4）内聚力单元的导入

ABAQUS/Standard 和 ABAQUS/Explicit 的结合可以扩大内聚力单元的应用范围。例如，可以在 ABAQUS/Explicit 中模拟冲击事件造成的结构局部破坏，然后在 ABAQUS/Standard 中模拟和研究局部结构的破坏对结构整体承载能力的影响。由于 ABAQUS 的显式和隐式分析步不能在一个模型中同时存在，为了满足上述分析要求，就需要使用内聚力单元的导入功能。在 ABAQUS 中，内聚力单元具有导入功能。首先在 ABAQUS/Explicit 中完成冲击问题的建模和模拟，然后将结果作为在 ABAQUS/Standard 中模拟结构整体承载能力的初始条件，导入 ABAQUS/Standard 的模型中即可，导入方法和常规单元的导入方法一致。

5.2.2　内聚力单元的本构模型

与内聚力单元相关的本构模型是牵引-分离法则，其典型的两个特征参数是峰值强度（$N^{\max}$）和断裂能（G_{C}）。牵引-分离法则的本质是一个带有损伤的线性弹性模型，在 ABAQUS/Standard 和 ABAQUS/Explicit 中均可以使用，并且可以区分不同的断裂模式，此时需要输入不同断裂模式下的峰值强度和断裂能。典型的牵引-分离响应行为如图5-4所示。

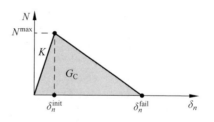

图 5-4　典型的牵引-分离响应行为

在前文介绍的一般框架下对损伤进行建模，主要包括三个部分：①损伤起始；②基于牵引-分离的损伤演化准则；③单元的删除。

在图5-4中，δ_n^{init} 是法向模式（张开模式）下的损伤起始位移。

有损伤的线性弹性行为定义了内聚力单元在损伤发生前的行为，将名义应力与名义应变联系起来，默认选择单位厚度作为单元的厚度，常用的非耦合牵引行为，即各个方向的名义应力仅取决于相应的名义应变。但在实际的工程结构问题中，耦合牵引行为是更加普遍的，也更加复杂，需要根据多方面的实验数据进行参数的确定和输入。

牵引-分离法则的弹性模量通常可以被理解为惩罚刚度。例如，对于开口模式断裂问题（Ⅰ型断裂问题），有：

$$K_n = N_{\max}/\delta_n^{\text{init}} \tag{5-1}$$

在ABAQUS中，名义应力和名义应变被用于定义牵引-分离法则。如果为单元指定了单位厚度，那么名义应变就对应于分离的位移。弹性响应由弹性刚度决定。如果为内聚力单元指定了一个非单位厚度，则必须缩放输入的数据以获得正确的界面刚度（单位面积上的）K_n。具体见下面的剥离测试。

通过一个示例来详细说明内聚力单元的单元刚度和等效厚度的设置方法。考虑通过内聚力单元模拟两个界面之间的胶接，假设胶接层的厚度为 0.001mm，在ABAQUS中建立一个几何厚度为 0.001mm 的薄层，界面刚度（单位面积上的）为 $K_n = 7.0 \times 10^{12}\text{N/mm}^3$，采用两种不同的内聚力单元的厚度设置方法：

（1）模型 A，内聚力单元的等效厚度与模型的几何厚度相同，即 $h_{\text{eff}} = h_{\text{geom}} = 0.001\text{mm}$，此时有：

$$N = E_n \varepsilon_n = K_n \delta_n \tag{5-2}$$
$$\varepsilon_n = \delta_n/h_{\text{eff}} \tag{5-3}$$

则有：

$$E_n = K_n h_{\text{eff}} \tag{5-4}$$

因此，材料参数列表中输入的通过 Traction 类型定义的弹性常数为 $E_n = 7.0 \times 10^9\text{Pa}$。

（2）模型 B，给定内聚力单元的等效厚度为单位厚度，即 $h_{\text{eff}} = 1.0\text{mm}$，此时，材料参数中输入的通过 Traction 类型定义的弹性常数为 $E_n = 7.0 \times 10^{12}\text{Pa}$。

上述两种模型参数在ABAQUS/CAE中的界面设置如图5-5所示。

在内聚力单元模型中，材料响应的核心是由损伤起始准则和损伤演化准则决

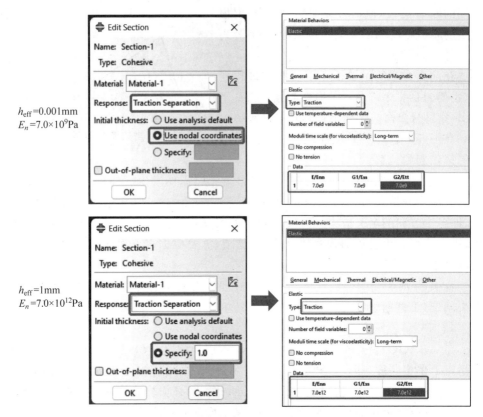

图 5-5　内聚力单元的单元刚度和等效厚度的设置方法

定的,下面对此分别介绍。

(1) 损伤起始准则

采用可以模拟混合模式条件的损伤起始准则,内聚力单元主要支持的损伤起始准则包括最大名义应力准则、最大名义应变准则、二次方应力准则和二次方应变准则。

最大名义应力准则(MAXS)的表达式如下:

$$\max\left\{\frac{\langle\sigma_n\rangle}{N_{\max}},\frac{\sigma_t}{T_{\max}},\frac{\sigma_s}{S_{\max}}\right\}=1 \tag{5-5}$$

式中:

$$\langle\sigma_n\rangle=\begin{cases}\sigma_n, & \sigma_n>0\\0, & \sigma_n\leqslant0\end{cases} \tag{5-6}$$

最大名义应力(或应变)准则的输出变量包括

1) MAXSCRT:在分析过程中,在一个材料点上的名义应力损伤起始准则的最大值。它的计算公式为

$$\max\left\{\frac{\langle t_n \rangle}{t_n^0}, \frac{t_s}{t_s^0}, \frac{t_t}{t_t^0}\right\} \tag{5-7}$$

2）MAXECRT：在分析过程中，在一个材料点上的名义应变损伤起始准则的最大值。它的计算公式为

$$\max\left\{\frac{\langle \varepsilon_n \rangle}{\varepsilon_n^0}, \frac{\varepsilon_s}{\varepsilon_s^0}, \frac{\varepsilon_t}{\varepsilon_t^0}\right\} \tag{5-8}$$

例如，对于Ⅰ型断裂模型（张开模式），最大名义应力准则意味着当 $\sigma_n = N_{\max}$ 时，损伤开始发生。

二次方应力（或应变）相互作用准则的表达式如下：

$$\left(\frac{\langle \sigma_n \rangle}{N_{\max}}\right)^2 + \left(\frac{\sigma_t}{T_{\max}}\right)^2 + \left(\frac{\sigma_s}{S_{\max}}\right)^2 = 1 \tag{5-9}$$

式（5-9）表明，在纯压缩载荷下，采用二次方应力（或应变）相互作用准则时，材料不会发生损伤。

二次方应力（或应变）准则的输出变量包括

① QUADSCRT：在分析过程中，在一个材料点上的二次方应力损伤起始准则的最大值。它的计算公式为

$$\left(\frac{\langle t_n \rangle}{t_n^0}\right)^2 + \left(\frac{t_s}{t_s^0}\right)^2 + \left(\frac{t_t}{t_t^0}\right)^2 \tag{5-10}$$

② QUADECRT：在分析过程中，在一个材料点上的二次方应变损伤起始准则的最大值。它的计算公式为

$$\left(\frac{\langle \varepsilon_n \rangle}{\varepsilon_n^0}\right)^2 + \left(\frac{\varepsilon_s}{\varepsilon_s^0}\right)^2 + \left(\frac{\varepsilon_t}{\varepsilon_t^0}\right)^2 \tag{5-11}$$

对上述四个损伤起始准则的总结如表 5-1 所示。

表 5-1 四种损伤起始准则的表达式和关键字

准 则 名 称	表 达 式	ABAQUS INP 文件中的关键字
最大名义应力准则	$\max\left\{\dfrac{\langle \sigma_n \rangle}{N_{\max}}, \dfrac{\sigma_t}{T_{\max}}, \dfrac{\sigma_s}{S_{\max}}\right\} = 1$	* Damage Initiation, Criterion = MAXS $N_{\max}$，$S_{\max}$，$T_{\max}$
最大名义应变准则	$\max\left\{\dfrac{\langle \varepsilon_n \rangle}{\varepsilon_n^{\max}}, \dfrac{\varepsilon_t}{\varepsilon_t^{\max}}, \dfrac{\varepsilon_s}{\varepsilon_s^{\max}}\right\} = 1$	* Damage Initiation, Criterion = MAXE $en_{\max}$，$es_{\max}$，$et_{\max}$
二次方应力准则	$\left(\dfrac{\langle \sigma_n \rangle}{N_{\max}}\right)^2 + \left(\dfrac{\sigma_t}{T_{\max}}\right)^2 + \left(\dfrac{\sigma_s}{S_{\max}}\right)^2 = 1$	* Damage Initiation, Criterion = QUADS $N_{\max}$，$S_{\max}$，$T_{\max}$
二次方应变准则	$\left(\dfrac{\langle \varepsilon_n \rangle}{\varepsilon_n^{\max}}\right)^2 + \left(\dfrac{\varepsilon_t}{\varepsilon_t^{\max}}\right)^2 + \left(\dfrac{\varepsilon_s}{\varepsilon_s^{\max}}\right)^2 = 1$	* Damage Initiation, Criterion = QUADE $en_{\max}$，$es_{\max}$，$et_{\max}$

在表 5-1 中，σ_n 是纯法向模式（张开模式）下的名义应力，σ_s 是第一剪切方向的名义应力，σ_t 是第二剪切方向的名义应力；ε_n 是纯法向模式（张开模式）下的名义应变，ε_s 是第一剪切方向的名义应变，ε_t 是第二剪切方向的名义应变。

（2）损伤演化行为

损伤演化行为（后损伤起始行为）由以下公式定义：

$$\boldsymbol{\sigma} = (1-d)\,\bar{\boldsymbol{\sigma}} \tag{5-12}$$

式中，d 是标量损伤变量，$d=0$ 表示材料未发生损伤；$d=1$ 表示材料完全损坏了。注意，d 只能单调地增加，不能降低，即 d 具有不可逆性：

$$\dot{d} \geqslant 0 \tag{5-13}$$

典型的损伤响应如图 5-6 所示。

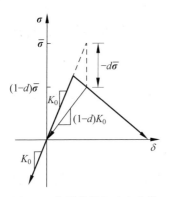

图 5-6　典型的损伤响应曲线

损伤演化行为主要有两种，分别是基于位移的损伤演化行为和基于能量的损伤演化行为。二者都需要指定破坏后的有效位移或者总的断裂能量。相应的计算公式取决于失效模式的不同组合。模式组合可以用能量或牵引力来定义。

在基于位移的损伤演化模型中，损伤是一个有效位移的函数，有效位移的定义式如下：

$$\delta = \sqrt{\langle \delta_n \rangle^2 + \delta_s^2 + \delta_t^2} \tag{5-14}$$

材料在损伤后的软化行为主要有以下三种：①线性软化型（linear）；②指数软化型（exponential）；③通过表格方式定义的任意形式的曲线的软件行为（tabular）。

对于线性软化型和指数软化型的损伤软化行为，ABAQUS 规定材料点完全破坏时的有效位移 δ_{fail} 为相对于损伤起始时的有效位移 δ_{init} 的位移（需要减去 δ_{init}）。

对于通过表格方式定义的损伤软化行为，直接指定标量损伤变量 d 作为 $\delta - \delta_{\mathrm{init}}$ 的函数。用户可以选择以表格的形式指定有效位移作为模式混合的函数。此外，需要说明的是，ABAQUS 假设损伤的演化行为与断裂模式无关。

在基于能量的损伤演化行为中，材料的断裂能量可以被定义为断裂模式组合的函数。可以使用一般的表格形式或者如下两种解析形式之一来定义基于能量的损伤演化行为。

1）幂律准则：

$$\left(\frac{G_{\mathrm{I}}}{G_{\mathrm{IC}}}\right)^{\alpha} + \left(\frac{G_{\mathrm{II}}}{G_{\mathrm{IIC}}}\right)^{\alpha} + \left(\frac{G_{\mathrm{III}}}{G_{\mathrm{IIIC}}}\right)^{\alpha} = 1 \tag{5-15}$$

2）BK（Benzeggagh-Kenane）准则：

$$G_{IC} + (G_{IIC} - G_{IC})\left(\frac{G_{shear}}{G_T}\right)^{\eta} = G_{TC} \tag{5-16}$$

式中，$G_{shear} = G_{II} + G_{III}$，$G_T = G_I + G_{shear}$。对于各向同性失效行为（$G_{IC} = G_{IIC}$），该准则与指数 η 无关。

可以以表格形式指定断裂能量作为混合模式的函数，或指定纯法向和剪切变形模式下的断裂能量，并选择 Power law 准则或 BK 准则的混合模式行为。

前文简要介绍了对内聚力单元的本构响应进行建模的主要选项。对于内聚力行为，在最简单的情况下，ABAQUS 要求用户输入内聚力厚度 h_{eff} 和 10 个材料参数，包括三个方向的弹性材料刚度（E_n、E_t、E_s），三个方向的损伤起始应力（N_{max}、T_{max}、S_{max}），三个方向的断裂能（G_{IC}、G_{IIC}、G_{IIIC}），以及 BK 准则的指数 η。

通常情况下，材料表面键的断裂能 G_{TC} 已知，假设材料满足各向同性的行为，即

$$G_{IC} = G_{IIC} = G_{IIIC} = G_{TC} \tag{5-17}$$

对于 Mixed Mode Behavior＝BK 选项，此时的材料响应与 η 无关，所以设置 η 为任何有效的输入（如 1.0）即可。设置内聚力厚度基本为 0，指定内聚力截面的属性厚度 $h_{eff}=1.0$。此时，在数值上，单元的名义应变等于界面的分离位移，材料的弹性模量等于界面的刚度。

当采用各向同性假设时，也意味着

$$E_n = E_t = E_s = E_{eff} \tag{5-18}$$
$$N_{max} = T_{max} = S_{max} = T_{ult} \tag{5-19}$$

此外，式（5-18）也等于 K_{eff}，因为设置了界面的有效厚度 $h_{eff}=1.0$。

引入损伤起始率的概念：

$$\delta_{ratio} = \delta_{init}/\delta_{fail}, \quad 0 < \delta_{ratio} < 1 \tag{5-20}$$

使用 G_C 和三角形的方程，可以得到 K_{eff} 和 T_{ult} 的表达式：

$$\begin{cases} K_{eff} = \dfrac{2G_{TC}}{\delta_{ratio}\delta_{fail}^2} \\ T_{ult} = \dfrac{2G_{TC}}{\delta_{fail}} \end{cases} \tag{5-21}$$

现在问题简化为两个罚项参数：δ_{ratio} 和 δ_{fail}。假设 $\delta_{ratio}=1/2$。选择 δ_{fail} 作为典型内聚力单元的网格尺寸的一个分数。例如，使用 $\delta_{fail}=0.050$ 乘以典型内聚力单元的尺寸作为起点。因此，在选择了两个惩罚项参数之后，一个单一的（有效的）牵引-分离法则就可以适用于所有断裂模式（包括法向和剪切断裂）。

如果包含内聚力单元的结构响应是动态的，就需要设置内聚力单元的密度（有效密度），并且内聚力层的密度应该被视为一个重要的量，可能会显著影响计算结果和计算效率。对于 ABAQUS/Explicit，有效密度不应该对稳定时间增量产生不利影响。Diehl 建议采用以下规则来确定内聚力单元的有效密度[37]：

$$\rho_{\text{eff}} = E_{\text{eff}} \cdot \left(\frac{\Delta t_{\text{stable}}}{f_{\text{t2D}} h_{\text{eff}}} \right)^2 \tag{5-22}$$

式中，Δt_{stable} 是模型中没有内聚力单元的稳定时间增量（由其他单元确定的稳定时间增量），$f_{\text{t2D}} = 0.32213$（对于原始节点坐标为零的内聚力单元，单元厚度为 0），ABAQUS 分析用户手册中提供了额外的指导方针，以确定内聚力单元的密度，使 ABAQUS/Explicit 的稳定时间增量影响最小。

5.2.3　内聚力单元的黏性正则化

在实际问题的求解过程中，内聚力单元有可能在以下情况下造成数值求解困难：①内聚力行为的刚度过高可能会导致 ABAQUS/Explicit 中的最小稳定时间增量减小，可以通过选择性的质量缩放来解决这个问题；②不稳定的裂纹扩展可能导致 ABAQUS/Standard 中的收敛困难，可以通过内置的黏性正则化参数来解决内聚力单元的收敛性问题。实际上，带有损伤的材料模型经常导致 ABAQUS/Standard 出现严重收敛困难，黏性正则化在这种情况下可以明显改善问题的收敛性，有助于使软化材料的一致正切刚度在足够小的时间增量下为正。在 ABAQUS/Standard 的混凝土损伤塑性模型中使用了类似的方法来提高收敛性。应用黏性正则化的公式如下：

$$\boldsymbol{\sigma} = (1 - d_v) \bar{\boldsymbol{\sigma}} \tag{5-23}$$

$$\dot{d}_v = \frac{1}{\mu} (d - d_v) \tag{5-24}$$

损伤材料的切线刚度为

$$\boldsymbol{D} = (1 - d) \boldsymbol{K}_0 - f \frac{\partial d}{\partial \boldsymbol{\varepsilon}} \bar{\boldsymbol{\sigma}} \otimes \bar{\boldsymbol{\sigma}} \tag{5-25}$$

式中，$\boldsymbol{K}_0$ 是未损伤的材料的弹性刚度；f 是一个系数，取决于破坏模型的细节。使用黏性正则化后，可以确保当 $\frac{\Delta t}{\mu}$ 趋于 0 时，$\boldsymbol{D} = (1 - d) \boldsymbol{K}_0$。

此外，给单元附加横向剪切刚度可以提供额外的稳定性，有助于问题的收敛。黏性正则化相关的输出变量主要是黏性正则化耗散总能量 ALLCD。

5.2.4　内聚力单元的建模技术

本节通过一个双悬臂梁界面脱黏的例子[38]，介绍内聚力单元的建模技术。这个问题中的裂纹是一个 Ⅰ 型裂纹，加载采用位移控制的方式，模型示意图如图 5-7 所示。使用以下方法进行分析：分别采用一维梁单元（B21）、二维平面应变单元（CPE4I）和三维实体单元（C3D8I）模拟上下的两根梁，与内聚力单元结合来分析脱黏过程。假设分层沿中间的直线发生，材料是各向同性的，内聚力层的行为采用牵引-分离法则描述。

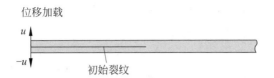

位移加载

初始裂纹

图 5-7 双悬臂梁中的 I 型裂纹问题的模型示意图

下面分别对三种模型建立过程中的关键步骤进行详细描述。

1. 一维梁单元和内聚力层结合的模型

本模型在内聚力单元层和上、下梁之间使用绑定(* Tie)约束。这里将上、下悬臂梁和内聚力层的几何建模采用不同的部件(part)分别构建。

将各个部件进行组装,并定义黏结面之间的绑定(* Tie)约束。需要指出的是,内聚力单元层的那一面应该是从属表面(因为内聚力层是一种较软的材料),这样有助于提高求解的收敛性。

定义内聚力层的材料属性和截面属性是内聚力单元模拟中的一个重要步骤,材料属性包括弹性参数和基于牵引-分离法则的损伤参数的定义。

接下来对模型进行网格划分,需要注意的是,内聚力单元只能采用可扫掠的网格区域划分方式,且扫掠路径必须与内聚力单元层的厚度方向保持一致。此外,沿着内聚力单元层的厚度方向只能划分一层网格。

为了模拟零厚度的黏结层(这在实际结构中是很常见的),需要编辑内聚力单元的节点坐标,使内聚力单元的上、下表面的节点坐标相同,从而构建厚度为 0 的内聚力单元,如图 5-8 所示。

编辑内聚力单元的节点坐标,使内聚力单元的上下表面的节点坐标相同

关闭这个选项,否则节点会映射回原来的位置

编辑后

最终的网格

图 5-8 厚度为 0 的内聚力单元的设置方法

2. 二维平面应变单元和内聚力层结合的模型

在二维模型中,所有几何体都是二维平面的,材料属性等的处理方式与前文介绍的一维情况类似,建模选项包括共享节点、＊Tie 约束等,步骤和方法均与一维模型相似。下面仅介绍其中的关键步骤。

在模型建模方面,只需要建立一个部件(part)即可,在模型中建立一个有限厚度的狭缝,双悬臂梁的尺寸采用真实的几何尺寸建模,包括厚度。中间的一层区域代表内聚力单元区域,用一层网格进行划分,划分方式为扫掠网格。

编辑中间两层的节点(图 5-9 中红色高亮的所有节点)坐标以构建厚度为 0 的内聚力单元,编辑界面的示意图和编辑前后的网格如图 5-9 所示。

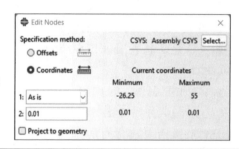

图 5-9　编辑节点位置以构建零厚度的二维内聚力单元

3. 三维实体单元和内聚力单元结合的模型

在三维模型中,所有几何形状都是三维的,梁采用实体几何形状建模,并通过三维实体单元进行离散,内聚力层为三维实体或壳的几何形状,可以通过如下三种方式建模。

(1) 自动插入内聚力单元层。通过对一个内部的表面实施插入内聚力单元(insert cohesive seams)操作＊,建立一层厚度为 0 的内聚力单元(图 5-10)。该操作会自动将该表面的位置"切开",插入一层厚度为 0 的内聚力单元,并将内聚力单元和切开的上、下表面共享节点,自动创建一个单元集合(包括所有新插入的内聚力单元,命名为"CohesiveSeam-1-Elements")、两个表面(包括新插入的内聚力单元层的上、下表面,分别命名为"CohesiveSeam-1-TopSurf""CohesiveSeam-1-BottomSurf")和三个节点集合(包括新插入的内聚力单元的上、中、小表面的节点集合,分别命名为"CohesiveSeam-1-TopNodes""CohesiveSeam-1-MidNodes"

＊　此功能在 ABAQUS 2016 版本之后才有,之前的版本没有。

"CohesiveSeam-1-BottomNodes"),方便后续操作和使用。

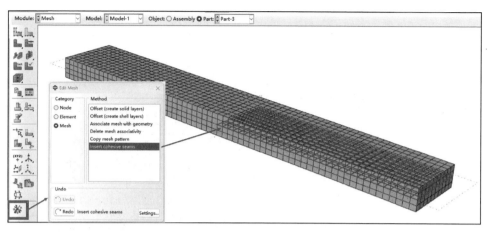

图 5-10 通过插入内聚力单元操作在内部面的位置插入一层内聚力单元

(2) 在三维几何上扫掠划分内聚力单元。内聚力单元的形状为实体(具有有限的厚度),通过扫掠的方式在厚度方向划分一层网格,之后像前面的例子一样,编辑内聚力单元的节点坐标,从而获得厚度为 0 的内聚力单元。

(3) 通过壳模型平移建立内聚力单元。首先创建孤立网格的几何形状,然后将厚度为 0 的实体单元层从孤立网格中偏移得到。通过偏移壳单元,获得厚度为 0 的内聚力单元的方法如图 5-11 所示。

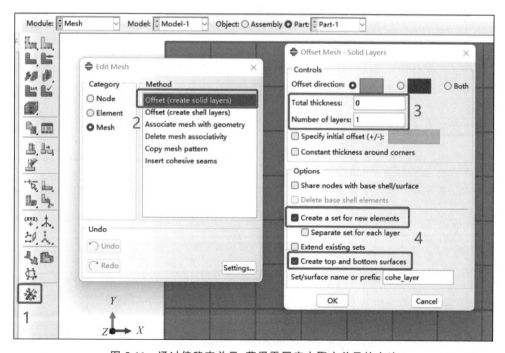

图 5-11 通过偏移壳单元,获得零厚度内聚力单元的方法

在为内聚力单元定义绑定(＊Tie)约束时,需要查询网格的堆叠方向,以确定何时使用内聚力单元的"顶部"和"底部"的表面。可以通过表面管理窗口查看图5-11中自动创建的内聚力单元的上、下两个表面,查询方法如图5-12所示。

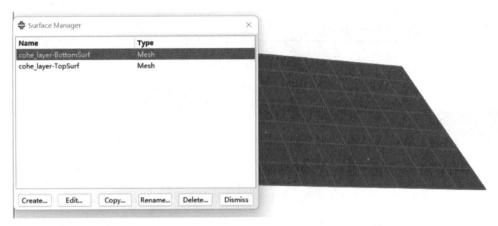

图5-12   内聚力单元上、下表面的查询方法

如果不使用 ABAQUS/CAE,如何进行内聚力单元的建模呢? 在这种情况下,可以在选择的文本处理器中进行以下操作:

1) 为结构和内聚力层生成网格(暂时赋予内聚力层一个任意的单元类型,如CPE4R 等);

2) 在界面上定位内聚力单元层;

3) 在结构和内聚力层上定义曲面(图 5-13);

4) 编写输入文件(.inp 文件);

5) 改变分配给内聚力层的单元类型,此处单元类型设置为 COH2D4;

6) 分配内聚力截面的属性;

图 5-13   双悬臂梁中的不同位置的表面的示意图

内聚力单元的堆积方向是根据单元等参数方向定义的厚度方向,设置 STACK DIRECTION＝{1|2|3}来定义沿着等参数方向的单元厚度方向。一个二维内聚力单元的堆积方向的示例(也可扩展到三维情况)如图 5-14 所示。

单元节点连接关系：101，102，202，201　　　　单元节点连接关系：102，202，201，101
局部堆叠方向=2　　　　　　　　　　　　　局部堆叠方向=1

图 5-14　二维内聚力单元的厚度方向和单元编号的关系

7）定义表面之间的 ∗ Tie 约束，在 INP 文件中的定义如下：

∗ Tie, Name＝Top, Adjust＝Yes, Position Tolerance＝0.002

top-coh, top-beam

∗ Tie, Name＝Bot, Adjust＝Yes, Position Tolerance＝0.002

bot-coh, bot-beam

由上可知，通过设置 Adjust＝Yes 强制 ABAQUS 把从属（内聚力单元）节点移动到主面上。通过这种方式调整顶部和底部的内聚面，可以产生一个厚度为 0 的内聚力层。当从主表面测量时，位置公差应该大到足以包含从属节点。在这种情况下，界面两侧的过度侵彻等于 0.001，所以设置 0.002 的位置公差足以使主表面捕获所有从属节点，如图 5-15 所示。

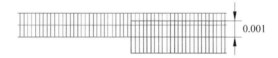

图 5-15　∗ Tie 操作的位置公差示意图

计算得到的采用一维、二维、三维模型的双悬臂梁分层问题的应力和变形云图如图 5-16 所示，从图中可以看出，三种建模方式均可以很好地模拟双悬臂梁的脱黏和变形过程。

图 5-16　采用一维、二维、三维模型的双悬臂梁问题的应力和变形云图

（4）黏性正则化参数的影响。图 5-17 给出了不同黏性正则化系数下结构的力-位移曲线，表 5-2 给出了不同黏性正则化系数下计算所需增量步的步数。通过二者可以看出，黏性正则化系数越小，计算结果越准确，黏性正则化系数越大，计算的收敛性越好（所需增量步的步数越少）。

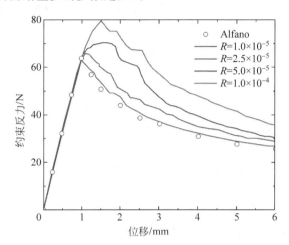

图 5-17　不同黏性正则化参数下的力-位移曲线

表 5-2　不同黏性正则化参数下的总的增量步数

黏性正则化参数	总的增量步数
1.0×10^{-5}	636
2.5×10^{-5}	163
5.0×10^{-5}	129
1.0×10^{-4}	90

5.2.5　对称平面上的内聚力单元

牵引-分离法则（traction-separation law）基于内聚力单元的顶部和底部表面之间的分离。然而，在一个对称平面上，计算出来的分离度是实际值的 1/2。为了说明这一点，需要指定：①在一个完整的模型中使用两倍的内聚力刚度；②在一个完整的模型中使用 1/2 的断裂韧度。

对称面上的内聚力单元的牵引-分离法则中参数的对应关系如图 5-18 所示。其单元刚度和模量，以及等效厚度之间的关系为

$$2K_n = \frac{2E_n}{h_{\text{eff}}} = \frac{E_n}{h_{\text{eff}}/2} \tag{5-26}$$

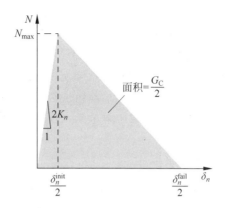

图 5-18 对称面上的内聚力单元的牵引-分离法则中参数的对应关系

5.2.6 批量嵌入内聚力单元

自 2016 版本之后,ABAQUS 可以支持批量插入厚度为 0 的内聚力单元。从主菜单栏中选择编辑网格(edit mesh)以在可能出现裂缝的区域插入包含孔隙压力的内聚力单元,从而可以对流入相邻材料的流体进行建模。可以选择面(实体单元)、图元面(三维孤立网格)、边(壳)或图元边(二维孤立网格)来标识裂纹区域,具体的操作界面如图 5-19 所示。在插入内聚力单元之前,必须对裂缝周围的区域进行网格划分。在默认情况下,ABAQUS/CAE 会创建多个集合和曲面,以帮助用户在后续过程中进行选择和使用(如材料指定)。

在 ABAQUS 中,当使用插入内聚力单元操作时,ABAQUS 会默认插入含有孔隙压力的内聚力单元,用户可以通过更改单元类型来修改内聚力单元的类型,如

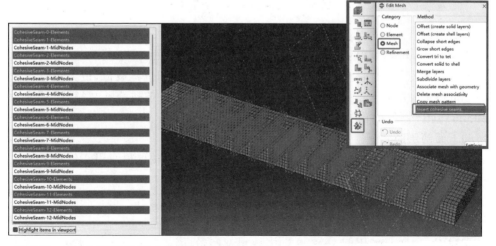

图 5-19 在 ABAQUS/CAE 中批量插入零厚度内聚力单元的操作界面及通过插入多个零厚度的内聚力单元层,模拟含有断层的储层中的水平井分段多簇水力压裂过程

去掉单元的孔隙压力自由度。图 5-19 展示了通过插入多个厚度为 0 的内聚力单元层,模拟了含有断层的储层中的水平井的分段多簇水力压裂过程[39-41](图中共含有 14 个压裂段,每个压裂段含有 3 簇射孔,每个射孔簇对应的位置插入了一层厚度为 0 的内聚力单元层)。图中的红色高亮单元即插入的零厚度内聚力孔隙压力单元(COH3D8RP),可以用于模拟水力裂缝的张开和裂缝内流体的流动过程。此外,断层也是采用零厚度内聚力孔隙压力单元来模拟的(图中红色倾斜的面)。

5.2.7　多重分层问题模拟

分层是层状纤维增强聚合物基体复合材料中的一种关键失效机制,也是区分其行为与金属结构的关键因素之一。它是由高层间应力和低法向强度共同造成的[42]。

本节考虑一个多重分层问题,其是行业标准中 Alfano-Crisfield 非对称分层问题[38]的实例,模型示意图如图 5-20 所示。夹层最初以预定的裂纹黏合,在外部载荷的作用下,以复杂的顺序剥落。这里分别采用 ABAQUS/Standard 和 ABAQUS/Explicit 进行模拟,并研究了黏性正则化参数对计算结果的影响。

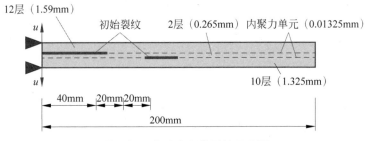

图 5-20　多重分层模型的示意图

分层复合试样的几何结构、参数和载荷如下:试样的长度为 200mm、试样的总厚度为 3.18mm、试样的宽度为 20mm,试样的厚度方向由 24 层材料组成,对一端的上、下两个点施加在厚度方向上大小相等、方向相反的位移载荷,最大位移设置为 20mm。分层复合试样中有两条初始预制裂纹:第一条初始预制裂纹(长度为 40mm)位于左端试样的中间平面,第二条初始预制裂纹(长度为 20mm)位于第一层和下面两层的右侧。

该问题分别使用二维和三维内聚力单元进行建模和模拟,使用实体单元来描述基体的材料力学行为,使用内聚力单元捕获第 10 层和第 11 层界面,以及第 12 层和第 13 层界面处的潜在分层,上述层的计数均是从底部开始的。在二维有限元模型中,试样顶部(由 12 层组成)、中间部分(2 层)和底部(10 层)分别使用 ABAQUS/Standard 中的 1×200 CPE4I 单元网格进行建模,两个层的初始未开裂部分由一层内聚力单元 COH2D4 模拟,每个 COH2D4 单元与相邻的实体单元共享节点。在给定了大小相等、方向相反的节点位移约束之后,当分析过程中的两个相互挤压面时，如果第二个预先存在的裂纹的上、下面之间定义了接触，就可以避免穿透。

文献[38]给出的复合材料性能为 $E_1=115\text{GPa}$、$E_2=8.5\text{GPa}$、$E_3=8.5\text{GPa}$、$v_{12}=0.29$、$v_{13}=0.29$、$v_{23}=0.3$、$G_{12}=4.5\text{GPa}$、$G_{13}=3.3\text{GPa}$、$G_{23}=4.5\text{GPa}$。

模型内聚力单元的响应通过内聚截面定义指定为"牵引-分离"响应类型。黏性层材料的弹性特性根据牵引-分离响应来定义，刚度为 $E=850\text{MPa}$、$G_1=850\text{MPa}$、$G_2=850\text{MPa}$。选择二次牵引相互作用准则作为内聚力单元的损伤起始准则；选择基于幂律准则的混合模式、基于能量的损伤演化规律作为损伤演化准则。相关的材料参数如下：$N_0=3.3\text{MPa}$，$T_0=7.0\text{MPa}$，$S_0=7.0\text{MPa}$，$G_{1C}=0.33\times10^3\text{N/m}$，$G_{2C}=0.8\times10^3\text{N/m}$，$G_{3C}=0.8\times10^3\text{N/m}$，$\alpha=1$。

计算得到的三个典型位移下的分层复合试样的变形和应力云图如图 5-21 所示，图中失效的内聚力单元（SDEG$>$0.99）已经被移除。从计算结果可以看出，分层主要发生在第 10 层和第 11 层的界面，当加载的位移到达 40mm 时，整个试样已经完全分成了两个部分。

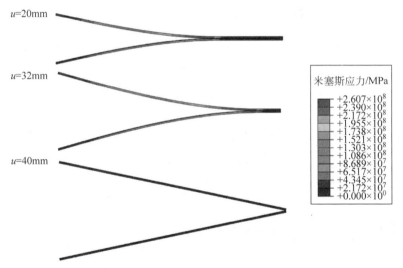

图 5-21　计算得到的三个典型位移下的分层复合试样的变形和应力云图
失效的内聚力单元（SDEG$>$0.99）已经被移除

计算得到的多重分层模型的载荷-位移曲线及其与实验数据的对比如图 5-22 所示。其中，横坐标是单边的加载位移。从图中可以看出，计算结果与实验结果在一定程度上吻合良好。

本节的 CAE 文件和 INP 文件分别为

alfano_duochong_2d_cohe.cae；

Job_alfano_2d_tensile_mu0.inp。

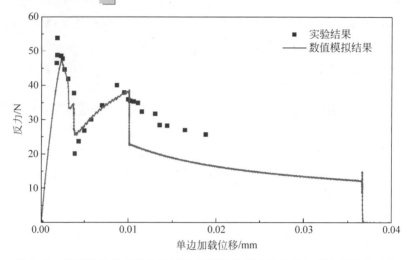

图 5-22   计算得到的多重分层模型的载荷-位移曲线及其与实验数据的对比

5.3   基于表面的内聚力区模型

基于表面的内聚力行为(surface-based cohesive behavior,也即内聚力表面行为)提供了一种简化方法,使用牵引-分离的本构模型对界面厚度小到可以忽略不计的内聚连接建模。它还可以模拟"黏性"接触(表面在接触后可以黏合)。

5.3.1   内聚力表面模型的建立方法

内聚力表面行为可以在 ABAQUS/Explicit 中作为通用接触类型的接触属性,也可以在 ABAQUS/Standard 中作为接触对类型(有限滑动、表面对表面的表述除外)的接触属性进行定义和使用。

当内聚力表面行为被定义为表面相互作用属性时,为了防止 ABAQUS/Explicit 中的过度约束,对具有内聚力行为的表面强制采用纯主从接触算法。

内聚力表面行为在 ABAQUS/CAE 中的界面设置方法如图 5-23 所示。

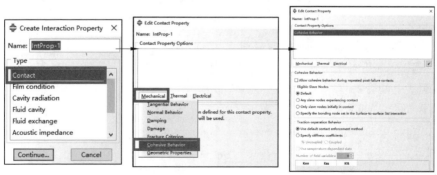

图 5-23   内聚力表面行为在 ABAQUS/CAE 中的设置

控制内聚力表面行为的公式和规律与那些用于具有牵引-分离行为的内聚力单元的公式和规律相似。主要包括三个部分：①牵引-分离法则的弹性阶段；②损伤起始准则；③损伤演化准则。

然而，在内聚力表面行为中，重要的是应认识到损伤是一种相互作用的属性，而不是一种材料属性。牵引和分离对于内聚力单元和内聚力表面的解释是不同的，如表5-3所示。

表5-3　牵引和分离对于内聚力单元和内聚力表面的意义

	内聚力单元	内聚力表面
牵引	名义应力(σ)	接触应力(接触力 F/接触点的接触面积 A)
分离	名义应变(内聚力单元的上、下表面的相对位移 δ/单元初始厚度 T_0)	接触分离位移(δ)

将法向和剪切应力与损伤开始前整个界面的法向和剪切分离联系起来。在默认情况下，弹性属性是基于基础单元的刚度的，可以选择性地指定属性。需要说明的是，对于内聚力单元来说，这个指定(给定内聚力单元的刚度)是必须的，但是对于内聚力表面则不是必须的，可以使用默认的接触算法计算界面刚度，也可以直接指定。牵引-分离行为既可以不是耦合的(默认)，也可以是耦合的。

5.3.2　控制应用内聚力行为的节点

在 ABAQUS 中，可以通过控制应用内聚力行为的从属节点来定义更广泛的含有内聚力行为的表面相互作用关系。内聚力行为可以应用于：①所有从属节点；②仅有最初接触的从属节点；③初始结合的节点组。下面分别进行介绍。

(1) 将内聚力行为应用于所有从属节点(默认)

该选项使得内聚约束力潜在地作用于从属表面的所有节点，最初不接触主表面的从属节点如果在分析过程中接触到主表面，也会出现内聚力。

(2) 只对最初接触的从属节点应用内聚力行为

该选项将内聚力行为限制在分析步开始时与主表面接触的从属节点，在分析步中发生的任何新的接触都不会经历内聚约束力，只对新的接触进行压缩接触建模。

(3) 仅将内聚力行为应用于初始黏合的节点集(该选项仅在 ABAQUS/Standard 中可以使用)

该选项将内聚力行为限制在使用 * Initial Conditions、Type=Contact 定义的从属节点的子集，在这个集合之外的所有从属节点在分析期间将只经历压缩接触力，这种方法对于模拟裂纹沿现有断层线的扩展特别有用。

5.3.3　使用内聚力表面模拟双悬臂梁问题

本节使用 ABAQUS/Standard 中的内聚力表面行为分析双悬臂梁问题(double cantilever beam,DCB),考察双悬臂梁的界面脱黏情况,双悬臂梁模型的示意图如图 5-24 所示。要通过内聚力表面行为建立脱黏模型,必须进行如下定义:①定义接触对和最初黏合的裂纹表面;②定义牵引-分离行为;③定义损伤起始准则;④定义损伤演化行为。此外,还可以指定黏性正则化以促进 ABAQUS/Standard 中求解的收敛性,当然,这不是必须的。

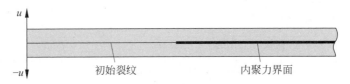

图 5-24　双悬臂梁问题的模型示意图

(1) 定义接触对和初始结合的裂纹表面

从属表面的初始黏结部分(节点集黏结)使用关键字 * Initial Conditions、Type = Contact 选项来确定。

(2) 定义牵引-分离行为

在这个模型中,内聚力行为只对节点集的 bond 行为(绑定黏合)强制执行。使用 Eligibility = Specified Contacts 参数来强制执行这一行为。需要注意的是,默认的弹性属性是基于基础单元的刚度计算的,如图 5-25 所示。

内聚力表面的牵引-分离响应行为和内聚力单元的牵引-分离响应行为的定义框架是相同的。这两种方法的区别在于,内聚力表面的损伤是作为接触交互特性的一部分来规定的。具体表现为接触应力(牵引力)和接触位移(分离位移)之间的关系,如图 5-26 所示。

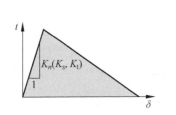

图 5-25　内聚力单元的牵引分离属性
中的单元刚度示意图

K_n、K_s 和 K_t 分别是法向和两个切向的刚度分量

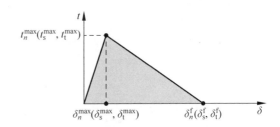

图 5-26　内聚力表面的牵引-分离响应

$t_n^{max}(t_s^{max}, t_t^{max})$是三个方向的接触应力(牵引力)的峰值,$\delta_n^{max}(\delta_s^{max}, \delta_t^{max})$是接触应力达到峰值时的分离位移,$\delta_n^f(\delta_s^f, \delta_t^f)$是完全失效时的分离位移

用于内聚力接触的损伤起始准则的相关信息如表 5-4 所示。

表 5-4　用于内聚力接触的损伤起始准则的相关信息

准　则　名　称	表　达　式	关　键　字
最大应力准则	$\max\left\{\dfrac{\langle t_n\rangle}{t_n^{\max}},\dfrac{t_t}{t_t^{\max}},\dfrac{t_s}{t_s^{\max}}\right\}=1$	* Damage Initiation，Criterion = MAXS t_n$_{\max}$，t_s$_{\max}$，t_t$_{\max}$
最大分离准则	$\max\left\{\dfrac{\langle \delta_n\rangle}{\delta_n^{\max}},\dfrac{\delta_t}{\delta_t^{\max}},\dfrac{\delta_s}{\delta_s^{\max}}\right\}=1$	* Damage Initiation，Criterion = MAXU delta_n$_{\max}$，delta_s$_{\max}$，delta_t$_{\max}$
二次应力准则	$\left(\dfrac{\langle t_n\rangle}{t_n^{\max}}\right)^2+\left(\dfrac{t_t}{t_t^{\max}}\right)^2+\left(\dfrac{t_s}{t_s^{\max}}\right)^2=1$	* Damage Initiation，Criterion = QUADS t_n$_{\max}$，t_s$_{\max}$，t_t$_{\max}$
二次分离准则	$\left(\dfrac{\langle \delta_n\rangle}{\delta_n^{\max}}\right)^2+\left(\dfrac{\delta_t}{\delta_t^{\max}}\right)^2+\left(\dfrac{\delta_s}{\delta_s^{\max}}\right)^2=1$	* Damage Initiation，Criterion = QUADU delta_n$_{\max}$，delta_s$_{\max}$，delta_t$_{\max}$

t_n 是纯法向模式(张开模式)下的法向接触应力；

t_s 是第一剪切方向的剪切接触应力；

t_t 是第二剪切方向的剪切接触应力；

δ_n 是纯法向模式(张开模式)下的分离位移；

δ_s 是第一剪切方向的分离位移；

δ_t 是第二剪切方向的分离位移。

注意：回顾一下前文内聚力单元的损伤起始准则，如果内聚力单元的初始厚度 $T_0=1$，那么 $\varepsilon=\delta/T_0=\delta$。此时，两种方法的分离位移的度量是完全相同的。

（3）定义损伤起始准则

为这个问题指定二次应力损伤起始准则。

（4）定义损伤演化准则

对于内聚力表面行为，损伤演变描述了内聚刚度的退化。相反，对于内聚力单元，损伤演化描述的是材料刚度的退化。损伤演化可以是基于能量的或位移的(与内聚力单元相同)，指定总的断裂能量(内聚作用的属性)或破坏后的有效分离位移。其可能取决于模式组合，模式组合可以用能量或牵引力来定义。

图 5-27 分别是采用内聚力单元和内聚力表面计算双悬臂梁弯曲的结构变形结果。可以看出，二者变形相似，脱黏的长度也一致。此外，如果后处理中没有删除失效的内聚力单元，在内聚力单元模型中就可以看到脱黏后失效的单元。

图 5-28 是采用内聚力单元和内聚力表面两种方法计算得到的双悬臂梁结构整体的力-位移曲线响应，从图中可以发现，二者吻合良好。

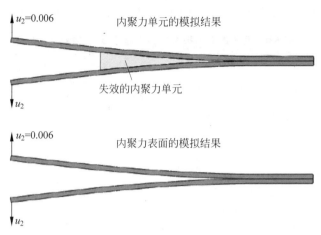

图 5-27　采用内聚力单元和内聚力表面模拟得到的双悬臂梁的变形和界面脱黏情况

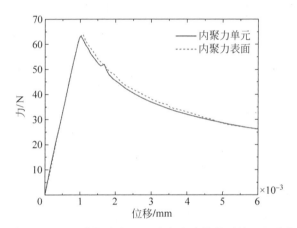

图 5-28　采用内聚力单元和内聚力表面两种方法计算得到的双悬臂梁结构整体的
力-位移曲线响应

5.4　基于单元与表面的内聚力行为的比较

基于单元的内聚力行为与基于表面的内聚力行为在使用上有一些差异,主要体现在以下几个方面:

（1）在前处理中的差异

对于内聚力单元,可以直接控制其网格密度和刚度属性,约束力是在单元的积分点上强制满足的。图 5-29 给出了具有 8 节点的内聚力单元的积分点。调整相对连接结构的内聚力单元可以提高约束的满足度,从而获得更精确的结果。

而内聚力表面可以很容易地使用接触相互作用和内聚相互作用属性进行定义,其使用了一个纯粹的主从接触公式,在从属节点上强制执行约束条件,相对主

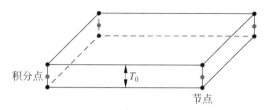

积分点　T_0　节点

图 5-29　具有 8 节点的内聚力单元的积分点

面而言,修改从面可能会更好地满足约束条件和获得更精确的模拟结果。

（2）初始构型的差异

对于内聚力单元,必须在分析开始时进行黏合(initial 分析步),一旦界面发生失效,脱黏的表面就不会重新黏合。而对于内聚力表面,在建立接触的任何时候均可以黏合("黏性"接触行为)。内聚力界面不需要在分析开始时就被黏合,可以在任意一个分析步中设置黏合。也就是说,当上、下表面再次发生接触时,脱黏的表面是黏合还是不黏合是可控的,从而可以模拟裂纹愈合的情况。在默认情况下,它们不会被黏合。

（3）本构行为的差异

对于内聚力单元,允许以下几种本构行为类型:①基于牵引-分离的本构模型,包括多种失效机制;②基于连续体的本构模型,适用于有限厚度的黏合层,可以使用传统的材料模型;③基于单轴应力的本构模型,适用于垫片或单个胶黏剂贴片的建模。

对于内聚力表面,只允许一种失效机制,即必须使用牵引-分离界面行为,其适用于界面厚度小到可以忽略不计的黏合界面。

（4）对稳定时间增量的影响(仅限于 ABAQUS/Explicit)

对于内聚力单元,通常需要一个很小的稳定时间增量。内聚力单元通常很薄,有时还相当硬(刚度很大)。因此,它们的稳定时间增量往往明显小于模型中其他单元的稳定时间增量。

对于内聚力表面,其本构行为与默认的黏性刚度属性被设置为对稳定时间增量的影响最小。在这种情况下,ABAQUS 使用默认的接触惩罚刚度来模拟黏性刚度行为。当然,可以指定一个非默认的内聚力表面的刚度,但是刚度较高可能会减少稳定时间增量。

（5）单元质量的差异

对于内聚力单元,单元材料的定义中需要包括质量项(需要定义材料的密度)。

对于内聚力表面,不需要在模型中定义质量。内聚力表面通常模拟的是非常薄的黏附界面,因此,忽略黏附质量对大多数应用来说是合适的。然而,如果有必要,也可以添加非结构性质量到接触单元中,以模拟黏附界面的额外质量。

总而言之,对于内聚力单元,推荐将其用于更复杂的黏接连接建模,其需要额外的前处理工作(通常导致计算成本的增加)。另外,内聚力单元可以对连接网格进行直接控制,定义额外的本构模型响应。例如,有限厚度的黏合剂模型就非常适合用内聚力单元来模拟。对于内聚力表面,其提供了一种快速、简单的方法来模拟黏合剂连接。上、下表面之间在建立接触的任何时候均可以黏合("黏性"接触)。因此,内聚力表面很适合模拟接触性黏合剂、尼龙搭扣、胶带和其他分离后能黏住的黏合剂。

第 6 章

虚拟裂纹闭合技术

第 6 章图片和程序

6.1 虚拟裂纹闭合技术概述

虚拟裂纹闭合技术(virtual crack closure technique,VCCT)是根据 Irwin 能量理论[43-44]提出来的,该技术的核心思想为,假设裂纹在扩展过程中释放的能量等于闭合裂纹所需要的能量。

在实际的工程中,虚拟裂纹闭合技术的一个重要应用是飞机复合材料结构的失效分析,可以为飞机安全运行提供重要保障。为了降低层状复合材料结构的成本,工程设计人员正在考虑在飞机中大量采用大型综合黏合结构。在初级结构中,层间的黏合线和界面需要承受层间载荷。损伤容限的要求决定了黏合线和界面在损伤时要承受所需的载荷。复合材料损伤的分析要求-将线性弹性断裂力学理论应用于黏合线和界面,虚拟裂纹闭合技术应运而生。其可以模拟的典型问题包括二维和三维界面分层问题、裂纹扩展问题、多重裂纹扩展和相互作用问题等。

在裂纹扩展分析中,最常被采用的断裂准则主要有五种类型:①临界应力准则;②裂纹张开位移准则;③裂纹长度与时间的关系准则;④虚拟裂纹闭合技术准则;⑤低周疲劳准则。其中,虚拟裂纹闭合技术准则是本章阐述的重点。

6.2 基于线性弹性力学理论的虚拟裂纹闭合技术

基于线性弹性力学理论的虚拟裂纹闭合技术的核心是基于计算法向和剪切裂纹尖端变形模式的能量释放率,将能量释放率与层间断裂韧度进行比较以确定裂纹是否扩展[45]。考虑如图 6-1 所示的一个裂纹尖端,该图给出了裂纹附近的节点编号,其中节点 2 和节点 5,以及节点 3 和节点 4 在未开裂前分别共享节点,开裂后

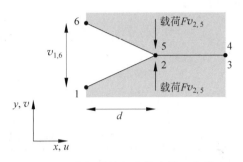

图 6-1　虚拟裂纹闭合技术的示意图

则互相独立；而节点 1 和节点 6 已经分开，独立运动。

　　对于纯 I 型断裂问题，虚拟裂纹闭合技术假设节点 2 和节点 5 在满足如下条件后，会因为拉伸断裂发生分离，裂纹向前扩展：

$$\frac{1}{2}\frac{Fv_{2,5}v_{1,6}}{bd}=G_{\mathrm{I}}\geqslant G_{\mathrm{IC}} \tag{6-1}$$

式中，G_{I} 为 I 型断裂的能量释放率，G_{IC} 为 I 型断裂的临界能量释放率，b 为试样的宽度，$Fv_{2,5}$ 为节点 2 和节点 5 之间的垂直方向的力，$v_{1,6}$ 是节点 1 和节点 6 之间的垂直方向的位移。

　　对于 II 型断裂问题，处理方式是类似的，即节点 2 和节点 5 在满足如下条件后，两个节点会由于剪切断裂而发生分离，裂纹向前扩展：

$$\frac{1}{2}\frac{Fu_{2,5}u_{1,6}}{bd}=G_{\mathrm{II}}\geqslant G_{\mathrm{IIC}} \tag{6-2}$$

式中，G_{II} 为 II 型断裂的能量释放率，G_{IIC} 为 II 型断裂的临界能量释放率，$Fu_{2,5}$ 为节点 2 和节点 5 之间的水平方向的力，$u_{1,6}$ 为节点 1 和节点 6 之间的水平方向的位移。

　　当使用虚拟裂纹闭合技术来模拟裂纹的扩展时，必须进行如下设置：①定义潜在裂纹表面的接触对；②定义最初结合的裂纹表面；③激活裂纹扩展能力；④指定虚拟裂纹闭合技术准则。

6.3　虚拟裂纹闭合技术模拟双悬臂梁问题

　　本节使用虚拟裂纹闭合技术来模拟和分析双悬臂梁问题，考察双悬臂梁模型中黏结界面的脱黏情况和载荷位移曲线，模型示意图如图 6-2 所示。本节建立有限元模型所需的关键步骤包括

　　(1) 沿着脱黏界面定义从属表面（顶面，名称为"TopSurf"）和主控表面（底面，名称为"BotSurf"）

　　(2) 定义一个包含初始黏合的区域（本例中该区域是从属表面 TopSurf 的一部分）的集合（集合名称为"bond"）

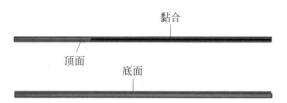

黏合

顶面

底面

图 6-2 使用虚拟裂纹闭合技术模拟双悬臂梁的模型示意图

（3）为潜在裂纹表面定义接触对

潜在裂纹面包括从属接触面和主控接触面。除有限滑动、面面接触算法外，可以使用任何接触算法，但不能与自接触一起使用。

（4）定义初始结合的裂纹表面

用＊INITIAL CONDITIONS、TYPE＝CONTACT 选项来确定初始黏合接触对。

从属表面的未黏合部分将表现为普通接触面。如果没有指定包括最初黏合的从属节点的节点集，初始接触条件将适用于整个接触对。在这种情况下，无法识别裂纹尖端，黏合的表面也无法分离。对于虚拟裂纹闭合技术准则，初始黏合的节点在所有方向上都是黏合的。

（5）激活模型的裂纹扩展能力

在 ABAQUS 中，INP 文件中的＊DEBOND 选项用于激活特定步骤中的裂纹扩展功能，SLAVE 和 MASTER 参数确定了需要黏合的表面。

（6）指定虚拟裂纹闭合技术准则

本节使用 BK 法则（BK law）作为断裂准则进行模拟，BK 法则的等效能量释放率计算式如下：

$$G_{\text{equivC}} = G_{\text{I C}} + (G_{\text{II C}} - G_{\text{I C}}) \left(\frac{G_{\text{II}} + G_{\text{III}}}{G_{\text{I}} + G_{\text{II}} + G_{\text{III}}} \right)^{\eta} \tag{6-3}$$

当断裂准则 f 在给定的公差范围内达到 1.0 时，裂纹尖端的节点就会发生脱黏，即当 f 满足如下表达式时，脱黏就会发生：

$$1 \leqslant f \leqslant 1 + f_{\text{tol}} \tag{6-4}$$

式中，f 的定义如下：

$$f = \frac{G_{\text{equiv}}}{G_{\text{equivC}}} \tag{6-5}$$

式中，G_{equiv} 为等效能量释放率，G_{equivC} 为根据用户指定的模式——混合准则和界面的黏结强度计算的临界等效应变能量释放率。对于虚拟裂纹闭合技术准则，f_{tol} 的默认值是 0.2。在 ABAQUS 中，可以在 INP 文件中使用＊Fracture Criterion 选项来控制 f_{tol}。在本节的双悬臂梁脱黏模型中，该公差被设定为 0.1。

除了 BK 法则模型，ABAQUS/Standard 还提供了另外两种常用的计算 G_{equivC} 的模式混合法则：幂律法则（Power law）和里德法则（Reeder law）。适当的法则最好根据经验来选择使用。

(a) 幂律法则：

$$\frac{G_{\text{equiv}}}{G_{\text{equivC}}} = \left(\frac{G_{\text{I}}}{G_{\text{IC}}}\right)^{\text{am}} + \left(\frac{G_{\text{II}}}{G_{\text{IIC}}}\right)^{\text{an}} + \left(\frac{G_{\text{III}}}{G_{\text{IIIC}}}\right)^{\text{ao}} \tag{6-6}$$

(b) 里德法则：

里德法则只适用于三维问题，其等效能量释放率 G_{equivC} 的计算式如下：

$$G_{\text{equivC}} = G_{\text{IC}} + \left[G_{\text{IIC}} - G_{\text{IC}} + (G_{\text{IIIC}} - G_{\text{IIC}})\left(\frac{G_{\text{III}}}{G_{\text{II}} + G_{\text{III}}}\right)\right]\left(\frac{G_{\text{II}} + G_{\text{III}}}{\sum G_{\text{i}}}\right)^{\eta} \tag{6-7}$$

(7) 定义空间上不同的临界能量释放率

通过指定从属面上所有节点的临界能量释放率，用不同的能量释放率来定义虚拟裂纹闭合技术准则。在这种情况下，临界能量释放率应从用 * Nodal Energy Rate 选项在节点上指定的临界能量释放率中插值得到。但是，指数（如 η）仍然从 * Fracture Criterion 选项下的数据行中读取。

(8) 给定虚拟裂纹闭合技术的黏性正则化参数

黏性正则化可用于克服不稳定扩展裂纹的某些收敛困难。例如，在双悬臂梁模型中，将黏性系数设置为 0.1 以提高求解的收敛性。

此外，非虚拟裂纹闭合技术特有的接触和自动稳定也可帮助求解的收敛。它们内置于 ABAQUS/Standard 中，与虚拟裂纹闭合技术兼容，可以同时使用。注意，裂纹的扩展行为可能会被阻尼力改变。因此，用户需要监测阻尼能量（ALLVD 或 ALLSD）并与模型中的总应变能量（ALLSE）进行比较，以确保有阻尼情况下的计算结果是合理的。其中，ALLVD 存储的是黏性正则化产生的阻尼能量，ALLSD 存储的是接触稳定和自动稳定产生的阻尼能量。

(9) 线性缩放以提高虚拟裂纹闭合技术分析的收敛性

ABAQUS 为用户提供了一个线性缩放技术来快速收敛到临界载荷状态，这减少了达到裂纹增长开始所需的求解时间。这种技术对于在裂纹增长开始前变形接近线性的模型效果最好。一旦第一个裂纹尖端的节点被释放，线性缩放计算将不再有效，时间增量将被设置为默认值。

本节的其他相关设置和参数如下：双悬臂梁的跨度为 90mm，矩形截面为 10mm（宽度）×4mm（厚度）。梁的一端是固定的，另一端的上、下两个点施加线性增长的位移载荷，最大加载位移为 5.0mm。黏性界面的断裂力学参数为 $G_{\text{IC}} = 0.2\text{N/mm}$、$G_{\text{IIC}} = G_{\text{IIIC}} = 1.0\text{N/mm}$、$\eta = 1.5$。上、下两层梁通过减缩积分壳单元 S4R 来模拟，均为线性弹性材料，弹性行为通过工程常数来定义，具体的材料参数为 $E_1 = E_2 = E_3 = 55.2\text{GPa}$、$v_{12} = v_{13} = v_{23} = 0$、$G_1 = G_2 = G_3 = 27.6\text{GPa}$（模型中所采用的单位系统为 t-mm-s-K）。

计算得到的几个典型加载位移下双悬臂梁的变形和应力云图如图 6-3 所示，当两端的位移加载到约 1.5mm 时，黏结的部分开始脱黏，并且随加载的逐渐增大进一步发展,直到加载到最大位移为 5.0mm 时,只剩下约 1/5 的长度未发生脱黏,其余部位均已发生脱黏。

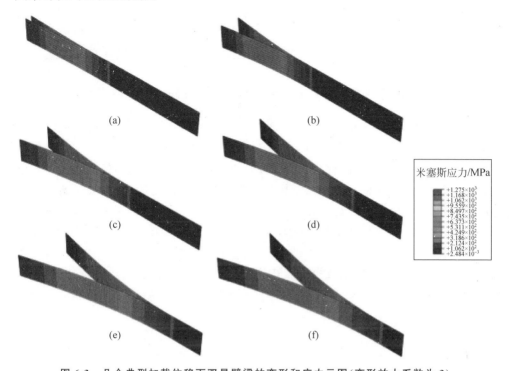

图 6-3 几个典型加载位移下双悬臂梁的变形和应力云图(变形放大系数为 3)

(a) $u=0.5$mm;(b) $u=1.5$mm;(c) $u=2.5$mm;(d) $u=3.5$mm;(e) $u=4.5$mm;(f) $u=5.0$mm

在加载的过程中,端部的载荷位移曲线如图 6-4 所示。可以看出,在脱黏未发生之前,端部的反力随加载的增加而线性地增加,最大反力约为 18N,当黏结面开

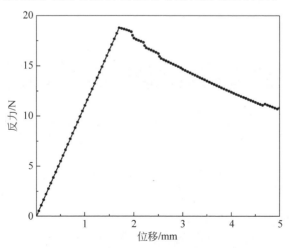

图 6-4 双悬臂梁脱黏问题的端部载荷位移曲线

始脱黏时,端部的反力相应地减小,其随加载位移的减小过程也是接近线性的。

本节模型的 CAE 文件和 INP 文件为

DCB_3D_VCCT.cae；

Job-3d-vcct-reeder-1.inp。

6.4 虚拟裂纹闭合技术模拟压缩屈曲/分层问题

本节考虑一个复合材料层合板在轴线载荷作用下的压缩屈曲和分层问题。压缩屈曲和分层问题的几何模型和有限元模型示意图如图 6-5 所示：一个多层复合材料层合板,在第 12 层和第 13 层的位置有两个初始的损伤(初始裂纹),其具体位置和几何尺寸见图中的标注。该复合材料板的右端为固定约束,左端受到一个线性增长的轴向压缩位移载荷,总的压缩位移为 5mm。复合材料板的弹性行为通过工程常数来定义,具体的材料参数为 $E_1 = 115\text{GPa}$、$E_2 = 8.5\text{GPa}$、$E_3 = 8.5\text{GPa}$、$v_{12} = 0.29$、$v_{13} = 0.29$、$v_{23} = 0.3$、$G_{12} = 4.5\text{GPa}$、$G_{13} = 3.3\text{GPa}$、$G_{23} = 4.5\text{GPa}$。选择幂律法则计算等效能量释放率,计算公式见 6.3 节,以描述层间的脱黏过程,相关材料参数为 $G_{\text{IC}} = 0.33 \times 10^3 \text{N/m}$、$G_{\text{IIC}} = 0.8 \times 10^3 \text{N/m}$、$G_{\text{IIIC}} = 0.8 \times 10^3 \text{N/m}$、$\alpha = 1$。

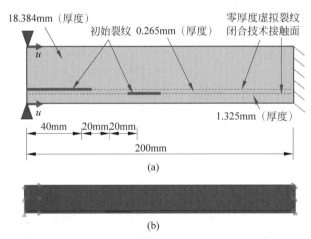

图 6-5 压缩屈曲和分层问题的几何模型和有限元模型示意图

(a) 几何模型示意图；(b) 有限元模型示意图

虚拟裂纹闭合技术模拟本问题的设置过程与 6.3 节相同。

不同横向加载位移下悬臂梁的压缩屈曲和界面分层情况的模拟结果如图 6-6 所示。在压缩载荷下,初始脱黏的位置首先产生了屈曲,屈曲导致黏结面受到了较强的拉伸载荷的作用,使得黏结面发生了快速脱黏。在加载位移达到约 2mm 时,有初始裂纹的两个黏结层的大部分位置都发生了脱黏。在随后的加载过程中,首先是两个较薄的层由于刚度较低而发生了进一步屈曲，当加载位移继续增大时，较厚的层也发生了屈曲。

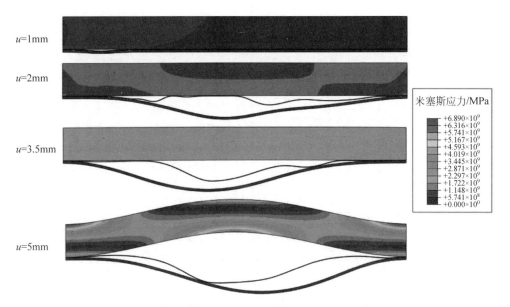

图 6-6 不同横向加载位移下悬臂梁的压缩屈曲和界面分层情况的模拟结果

6.5 使用虚拟裂纹闭合技术的注意事项

使用虚拟裂纹闭合技术来模拟裂纹的扩展问题在数值上具有挑战性，为了帮助读者成功创建一个基于虚拟裂纹闭合技术的模型，这里给出几个注意事项：①主脱黏面必须是连续的；② *Tie 约束不应用于从属的脱黏面，以避免发生过度约束；③可以指定脱黏面之间的小间隙，以消除在裂纹开始发展的增量过程中不必要的严重不连续迭代。

为了直观地观察虚拟裂纹闭合技术准则的计算结果，ABAQUS 提供了以下场输出和历史输出选项，主要是支持关于虚拟裂纹闭合技术的表面输出请求。注意，在定义输出时，需要将域(domain)选项切换成相互作用(interaction)，并选择相应的设置了虚拟裂纹闭合技术准则的接触对进行输出请求的设置，如图 6-7 所示。

表 6-1 给出了虚拟裂纹闭合技术相关的主要的表面输出变量及其含义，用户可以通过指定表面输出变量名称的方式获得变量的值。表中的所有变量都可以在 ABAQUS/Viewer 中可视化以直观地进行分析和解读，所有从属节点的初始接触状态会被输出在数据文件(.dat)中。

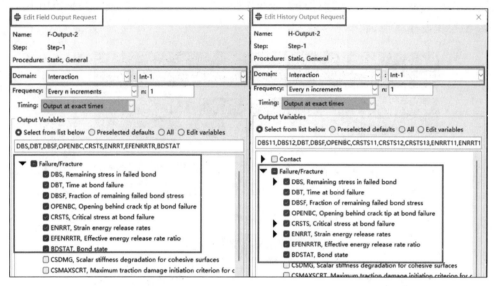

图 6-7　在 ABAQUS/CAE 中设置与虚拟裂纹闭合技术相关的表面输出请求

包括场变量和历史变量

表 6-1　与虚拟裂纹闭合技术相关的主要的表面输出变量及其含义

输出变量名称	输出变量的含义
DBT	黏结破坏发生的时间
DBSF	黏合失败时仍然存在的应力部分
DBS	失效黏结处的剩余应力
OPENBC	裂纹后的相对位移
CRSTS	失效时的临界应力
ENRRT	应变能量释放率
EFENRRTR	有效能量释放率
BDSTAT	黏结状态(等于 1.0:有黏结;等于 0.0:无黏结)

6.6　虚拟裂纹闭合技术与内聚力行为的比较

　　在 ABAQUS 中,虚拟裂纹闭合技术和内聚力行为在其应用和表述上相似,尽管都可以用于模拟界面剪切和分层裂纹的扩展和结构破坏,都使用弹性损伤本构理论来模拟材料在损伤发生后的行为,在损伤开始和完全破坏之间耗散的断裂能也相同,但它们是两种不同的理论。

　　虚拟裂纹闭合技术和内聚力行为的根本区别在于预测裂纹扩展的方式。在虚拟裂纹闭合技术中,假设缺陷已存在,并且虚拟裂纹闭合技术适用于脆性裂纹扩展问题。然而,内聚力行为可以模拟损伤的起始。内聚力行为中的损伤发生是严格基于预定的极限(法向或切向)应力或极限应变的。并且,内聚力行为既可以用于脆性裂纹扩展问题,也可以用于韧性裂纹扩展问题。

事实上,虚拟裂纹闭合技术可以被看作更基本的基于断裂力学行为的一种裂纹模拟方法,其损伤起始和损伤演化准则都是基于断裂能的。相对应地,内聚力模型只在损伤演化中使用材料的断裂能,对于损伤起始则需要额外的应力或应变准则,从而需要提供额外的材料参数。虚拟裂纹闭合技术的适用范围仅限于"自相似"裂纹扩展分析,即稳定状态下的裂纹扩展问题。

表 6-2 列出了虚拟裂纹闭合技术和内聚力行为模拟技术的异同。

表 6-2　虚拟裂纹闭合技术和内聚力行为模拟技术的比较的汇总表

虚拟裂纹闭合技术	内聚力行为
使用脱黏框架(基于表面的)	界面单元(基于单元的内聚力行为)或接触(基于表面的内聚力行为)
假设存在一个初始缺陷	可以模拟裂纹的起始
使用线性弹性断裂力学理论的脆性断裂,裂纹发生在一个定义明确的裂纹前沿	在模糊的裂纹前沿发生的延性断裂,用跨度内聚力单元或内聚力接触来建模
需要 G_I、G_{II} 和 G_{III}	需要 E、σ_{max}、G_I、G_{II} 和 G_{III}
当应变能量释放率超过断裂韧度时,裂纹就会扩展	当内聚力牵引力超过临界值时,裂纹开始出现,并在完全打开时释放临界应变能量
裂纹表面在未开裂时是刚性黏合的	裂纹表面在未开裂时是弹性连接的
仅在 ABAQUS/Standard 中可用	可在 ABAQUS/Standard 和 ABAQUS/Explicit 中使用
二者都需要满足一般的断裂模拟要求	

第 7 章

应力强度因子的计算方法

第 7 章图片和程序

前文已经介绍,应力强度因子 K 在断裂力学中被用来预测由远程载荷或残余应力引起的裂纹或缺口尖端附近的应力状态(应力强度),通常适用于均匀的线性弹性材料,有助于为脆性材料提供失效准则,是损伤容限学科中的一项关键技术。如果不能直接通过软件输出应力强度因子,就需要采用相应的数值计算方法来获得应力强度因子。常见的应力强度因子计算方法主要有以下几种:

(1)应力外推法,即通过裂纹尖端的应力场分布和应力强度因子的关系,外推得到裂纹尖端的应力强度因子 K;

(2)位移外推法,即通过裂纹尖端的位移场分布和应力强度因子的关系,外推得到裂纹尖端的应力强度因子 K;

(3) J 积分与等效积分区域法,即将 J 积分的线积分转化为区域积分,计算得到裂纹尖端的 J 积分,从而得到应力强度因子 K;

(4)虚拟裂纹法,包括全域虚拟裂纹扩展法、局部虚拟裂纹扩展法和虚拟裂纹闭合法;

(5)相互作用积分法,即通过假设虚拟辅助场和应力叠加关系,得到应力强度因子 K 和相互作用积分 I 的关系,从而求得应力强度因子 K。

在介绍以上求解应力强度因子的方法之前,先给出一个典型的断裂问题(图 7-1)的应力强度因子的解析解,以验证后续各种方法求解的正确性和精度。

7.1 有限宽中心直裂纹板及其闭合解

考虑如图 7-1 所示的有限宽中心裂纹板。板的高度、宽度分别记为 $2H$ 和 $2W$,中心裂纹的总长度为 $2a$。利用 Westergaard 复变函数方法[46]求解裂纹周期排布的解析解,可以求得有限宽中心直裂纹板的应力强度因子:

$$K_{\text{I}} = \sigma\sqrt{\pi a}\sqrt{\frac{2W}{\pi a}\tan\frac{\pi a}{2W}} \qquad (7\text{-}1)$$

根据 J 积分、能量释放率 G 和应力强度因子 K_{I} 的关系,可以得到 J 积分和能量释放率 G:

$$J = G = \frac{K_{\text{I}}^2}{\bar{E}} \qquad (7\text{-}2)$$

式中,

$$\bar{E} = \begin{cases} E, & \text{平面应力} \\ \dfrac{E}{1-\nu^2}, & \text{平面应变} \end{cases} \qquad (7\text{-}3)$$

取如下一组典型的几何、材料和载荷参数进行具体数值的求解。取 $W = 100\text{mm}$、$H = 200\text{mm}$、$a = 20\text{mm}$、$E = 200\times10^3\,\text{MPa}$、$\nu = 0.3$。假设该裂纹板承受均匀的拉伸应力,大小为

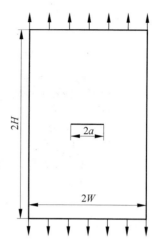

图 7-1 有限宽中心直裂纹板示意图及几何尺寸标注

30MPa。计算得到的应力强度因子 K_{I}、J 积分和能量释放率的解析解分别为

$$\begin{aligned} K_{\text{I}} &= \sigma\sqrt{\pi a}\sqrt{\frac{2W}{\pi a}\tan\frac{\pi a}{2W}} \\ &= 30\times\sqrt{20\pi}\sqrt{\frac{200}{20\pi}\tan\frac{20\pi}{200}} \\ &= 241.8(\text{MPa}\cdot\sqrt{\text{mm}}) \end{aligned} \qquad (7\text{-}4)$$

$$J = G = \frac{K_{\text{I}}^2}{\bar{E}} = \frac{241.8^2}{200\times10^3} = 0.2923(\text{N/mm}) \qquad (7\text{-}5)$$

上述解析解可以用于对后续各个数值方法求解得到的数值解的比较和验证。

7.2 应力外推法

由线性弹性材料的裂纹尖端的渐近解可知

$$K_{\text{I}} = \lim_{r\to 0}\left[\sigma_y(r,\theta=0)\sqrt{2\pi r}\right] \qquad (7\text{-}6)$$

式中,σ_y 为裂纹前端垂直于裂纹方向的应力分量,r 为距离裂纹尖端的极半径,θ 为相对于裂纹方向的极角。

直接的数值计算无法得到 $r=0$ 处的应力强度因子,因此,采用线性拟合的方法,利用裂纹前端非奇异的应力得到裂纹尖端的应力强度应子。这就是应力外推法计算应力强度因子的理论基础。

建立 7.1 节中的有限宽直裂纹板的有限元模型(由于对称性,可以只建立一半的模型),计算得到的裂纹尖端的局部应力场如图 7-2 所示。提取 $\theta=0$ 的多个 r

处的 y 方向的应力分量(σ_{22})。注意,由于此处建立的是对称模型,而应力存储在积分点上,因此提取的是靠近 $\theta=0$ 的一系列积分点上的应力,网格越密,积分点越靠近 $\theta=0$,计算的结果越接近解析解。

图 7-2　有限宽中心直裂纹板的有限元计算结果(对称半模型,裂纹尖端布局应力)

取上述公式线性拟合提取的应力值与 y 轴的截距,即可得到外推的应力强度因子。这里分别取所有的数据点拟合,并在舍弃一个最靠近裂纹尖端的数据点后拟合(图 7-3),分别得到应力强度因子 $227.0\mathrm{MPa}\cdot\sqrt{\mathrm{mm}}$ 和 $238.3\mathrm{MPa}\cdot\sqrt{\mathrm{mm}}$,其与前文理论解的误差分别为 6.12% 和 1.45%。可以看出,剔除一个数据点后,外推计算的精度明显提高了。

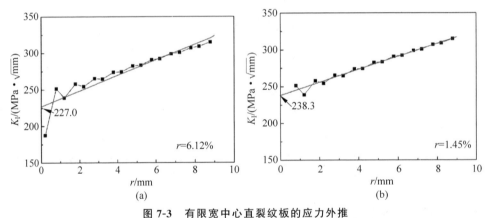

图 7-3　有限宽中心直裂纹板的应力外推

(a) 全部数据;(b) 舍弃一个最靠近裂纹尖端的数据点

7.3　位移外推法

与应力外推法类似,位移外推法利用裂纹尖端位移场的形式拟合得到应力强度因子。直接的数值计算无法得到 $r=0$ 时的应力强度因子,利用裂纹前端位移分布,采用线性拟合的方法可以得到裂尖处的应力强度应子。裂纹尖端 $\theta=\pi$ 位置的位移场的表达式与 I 型裂纹的应力强度因子的关系为

$$K_{\mathrm{I}}=\frac{2\mu}{\kappa+1}\lim_{r\to 0}\left[v(r,\theta=\pi)\sqrt{\frac{2\pi}{r}}\right] \tag{7-7}$$

式中，ν 为垂直于裂纹面的张开位移；μ 为材料的剪切模量；κ 为膨胀模量，其表达式为

$$\kappa = \begin{cases} (3-\nu)/(1+\nu), & \text{平面应力} \\ 3-\nu, & \text{平面应变} \end{cases} \qquad (7\text{-}8)$$

针对有限宽直裂纹板的有限元计算结果，提取裂纹面上节点的 y 方向的位移。注意到，在有限元计算中，位移的值是存储在节点上的。因此，提取点应严格满足 $\theta = \pi$ 的条件，提取点和局部位移场如图 7-4 所示。

图 7-4　有限宽中心直裂纹板的有限元计算的局部位移场和位移数据提取点的位置

取上述位移场公式线性拟合提取的位移与 y 轴的截距，即可得到位移外推的应力强度因子，这里分别取所有数据点的拟合，并舍弃三个最靠近裂纹尖端的数据点后拟合，分别得到应力强度因子 233.1 和 240.1，与前文给出的理论解的误差分别为 -3.60% 和 -0.70%（图 7-5）。可以看出，剔除一个数据点后，外推计算的精度明显提高了。此外，对于同一个有限元模型计算的结果数据，位移外推比应力外推的结果精度更高一些。

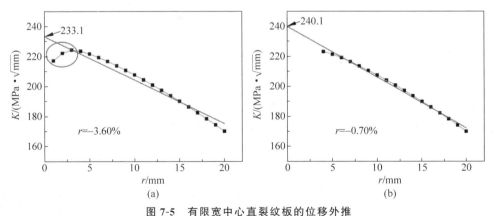

图 7-5　有限宽中心直裂纹板的位移外推

(a) 全部数据；(b) 舍弃三个最靠近裂纹尖端的数据点

需要说明的是，上述两种外推方法（应力外推法和位移外推法）具有一定的局限性：①数值计算中裂纹尖端的数据是误差的主要来源；②选择需要剔除的数据具有不确定性。

7.4 等效积分区域法

等效积分区域法是一种数值计算 J 积分的方法。通过散度定理，用裂纹尖端附近一个有限区域代替积分回路进行 J 积分的计算。其具体的推导过程如下：

由 J 积分的计算公式：

$$J_1 = \int_\Gamma (wn_1 - t_\beta u_{\beta,1}) \mathrm{d}\Gamma \tag{7-9}$$

根据散度定理，可以将式(7-9)由线积分转换为面积分：

$$
\begin{aligned}
J_1 &= \int_A \left(\sigma_{ij} \frac{\partial u_j}{\partial x_1} - \omega \delta_{1i} \right) \frac{\partial q}{\partial x_i} \mathrm{d}A \\
&= \int_A \left[\left(\sigma_{xx} \frac{\partial u}{\partial x} + \tau_{xy} \frac{\partial v}{\partial x} - \omega \right) \frac{\partial q}{\partial x} + \left(\tau_{xy} \frac{\partial u}{\partial x} + \sigma_{yy} \frac{\partial v}{\partial x} \right) \frac{\partial q}{\partial y} \right] \mathrm{d}A
\end{aligned} \tag{7-10}
$$

已经证明式(7-10)中的 $q(x,y)$ 形式对 J 积分的计算不敏感，但在边界处有规定。$q(x,y)$ 必须满足在内边界上值为 1.0、在外边界上值为 0.0 的约束，区域内的其他位置可以取任意值。因此，在进行数值积分时，可以根据计算的需要和区域的形状选择合适的 $q(x,y)$ 分布，如可以选择由外边界到内边界的线性分布，或者选择在区域内全部为 0、只在内边距上为 1 的分布。

在计算时，对上述面积积分进行有限元离散，可以使用与原始单元相同的单元离散形式，这里以二维四节点四边形单元为例进行离散，全场坐标、位移场和 q 函数场的离散形式如下：

$$
\begin{cases}
x = N_1 x_1^e + N_2 x_2^e + N_3 x_3^e + N_4 x_4^e = \boldsymbol{N} \boldsymbol{x}^e \\
y = N_1 y_1^e + N_2 y_2^e + N_3 y_3^e + N_4 y_4^e = \boldsymbol{N} \boldsymbol{y}^e \\
u = N_1 u_1^e + N_2 u_2^e + N_3 u_3^e + N_4 u_4^e = \boldsymbol{N} \boldsymbol{u}^e \\
v = N_1 v_1^e + N_2 v_2^e + N_3 v_3^e + N_4 v_4^e = \boldsymbol{N} \boldsymbol{v}^e \\
q = N_1 q_1^e + N_2 q_2^e + N_3 q_3^e + N_4 q_4^e = \boldsymbol{N} \boldsymbol{q}^e
\end{cases} \tag{7-11}
$$

其形函数与二维四边形单元的等参元的形函数相同：

$$
\begin{cases}
N_1(r,s) = \dfrac{1}{4}(1-r)(1-s) \\[2mm]
N_2(r,s) = \dfrac{1}{4}(1+r)(1-s) \\[2mm]
N_3(r,s) = \dfrac{1}{4}(1+r)(1+s) \\[2mm]
N_4(r,s) = \dfrac{1}{4}(1-r)(1+s)
\end{cases} \tag{7-12}
$$

式中，r 和 s 为母单元上的坐标。

全局坐标相对于母单元坐标的导数为

$$\begin{cases} x_r = \boldsymbol{N}_r \boldsymbol{x}^e, & x_s = \boldsymbol{N}_s \boldsymbol{x}^e \\ y_r = \boldsymbol{N}_r \boldsymbol{y}^e, & y_s = \boldsymbol{N}_s \boldsymbol{y}^e \end{cases} \tag{7-13}$$

式中，$\boldsymbol{N}_r = \dfrac{\partial \boldsymbol{N}}{\partial r}$，$\boldsymbol{N} = [N_1, N_2, N_3, N_4]$ 为形函数矩阵。

则单元的雅克比矩阵为

$$J^e = \begin{bmatrix} x_r & x_s \\ y_r & y_s \end{bmatrix} \tag{7-14}$$

形函数对全局坐标的导数为

$$\begin{cases} N_x = \dfrac{y_s N_r - y_r N_s}{\det(J^e)} \\[3mm] N_y = \dfrac{-x_s N_r + x_r N_s}{\det(J^e)} \end{cases} \tag{7-15}$$

从而可以计算单元的应变场：

$$\begin{cases} \varepsilon_{xx} = \dfrac{\partial u}{\partial x} = N_x u^e \\[3mm] \varepsilon_{yy} = \dfrac{\partial v}{\partial y} = N_y v^e \\[3mm] \gamma_{xy} = \dfrac{\partial v}{\partial x} + \dfrac{\partial u}{\partial y} = N_x v^e + N_y u^e \end{cases} \tag{7-16}$$

假设材料为线性弹性材料，研究的问题满足平面应力条件，则单元的应力场为

$$\boldsymbol{\sigma} = \boldsymbol{C} \cdot \boldsymbol{\varepsilon} = \dfrac{E}{1-\nu^2} \begin{bmatrix} 1 & \nu & 0 \\ \nu & 1 & 0 \\ 0 & 0 & \dfrac{1-\nu}{2} \end{bmatrix} \boldsymbol{\varepsilon} \tag{7-17}$$

将上述离散化的变量代入 J 积分的计算公式(7-10)，可得 J 积分的离散化计算公式：

$$\begin{cases} J_1 = \displaystyle\int_{-1}^{1}\int_{-1}^{1} I(r,s)\,\mathrm{d}r\mathrm{d}s = I(r_1,s_1) + I(r_2,s_2) + I(r_3,s_3) + I(r_4,s_4) \\[3mm] I(r,s) = \left[\left(\sigma_{xx}\dfrac{\partial u}{\partial x} + \tau_{xy}\dfrac{\partial v}{\partial x} - \omega \right)\dfrac{\partial q}{\partial x} + \left(\tau_{xy}\dfrac{\partial u}{\partial x} + \sigma_{yy}\dfrac{\partial v}{\partial x} \right)\dfrac{\partial q}{\partial y} \right]\det(J^e) \end{cases}$$

$$\tag{7-18}$$

根据上述离散化计算公式(7-11)~公式(7-18)，可编写一个小程序，计算 J 积分。针对 7.1 节的有限宽中心直裂纹板问题，采用上述方法也可以计算 J 积分，如图 7-6 所示。这里分别采用了两个不同的积分区域，图 7-6 左边的环形区域较小，右边的环形区域较大，图中标注了区域内、外边界上的 q 函数的取值，满足前述的条件。两个区域下计算得到的 J 积分分别为 0.2905N/mm 和 0.2929N/mm，其相

对理论解的误差分别为 0.62% 和 0.21%。可以看出,采用等效积分区域法计算得到的 J 积分的精度非常高。

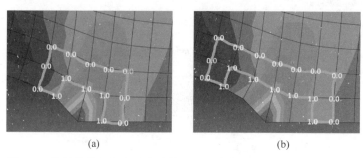

(a)　　　　　　　　　　　　　　(b)

图 7-6　使用等效积分区域法计算 J 积分的积分区域示意图和 J 积分

(a) $J=0.2905\text{N/mm}, r=0.62\%$;(b) $J=0.2929\text{N/mm}, r=0.21\%$

7.5　虚拟裂纹法

7.5.1　全域虚拟裂纹扩展法

全域虚拟裂纹扩展法的基本思想是根据应变能释放率的定义,在裂纹的当前状态求得系统的总势能,假设裂纹向前扩展一个小的长度,再次求得新的系统的总势能,利用两个系统的势能差对虚拟裂纹扩展长度的导数,即可求得裂纹尖端的应变能释放率。回顾一下应变能释放率的定义为,产生单位面积新裂纹表面所需的能量,即

$$G = -\frac{\mathrm{d}\Pi}{\mathrm{d}A} = -\lim_{\Delta A \to 0} \frac{\Delta\Pi}{\Delta A} = -\lim_{\Delta a \to 0} \frac{\Delta\Pi}{B\,\Delta a} \tag{7-19}$$

式中,$\Pi = U - W$ 为势能,W 为外力功,U 为裂纹体的应变能。

进行如图 7-7 所示的两个模型的有限元计算,在两个模型之间,裂纹的长度相差一个单元,即第二步中释放裂纹尖端的一个单元的对称约束,则裂纹的扩展长度为一个单元的长度。计算两个模型中的系统的应变能,分别为 $U_1 = 46.4131\text{N} \cdot \text{mm}$,

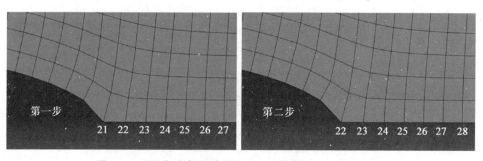

图 7-7　采用全域虚拟裂纹扩展法计算裂纹的能量释放率

$U_2 = 46.5637 \text{N} \cdot \text{mm}$。对于线性弹性材料，$\Pi = U - W = -U$，因而可以计算得到裂纹尖端的应变能释放率为

$$G \approx -\frac{\Pi_2 - \Pi_1}{B \Delta a} = 0.3012 \text{N/mm} \tag{7-20}$$

通过上述方法计算的能量释放率的数值解与理论解相比的误差为 3.04%。

需要说明的是，全域虚拟裂纹扩展法也有一定的局限性，即只能得到总的应变能释放率，无法分离不同断裂模式下的应变能释放率。

7.5.2　局部虚拟裂纹扩展法

相较全域虚拟裂纹扩展法利用全局的总势能求解应变能释放率，局部虚拟裂纹扩展法则利用裂纹尖端局部的节点力做功来求应变能释放率，根据 Irwin 等[44]提出的势能的改变与将裂纹闭合一个扩展增量所需的功等效，结合能量释放率的叠加原理，有

$$G = G_{\text{I}} + G_{\text{II}} \tag{7-21}$$

从而可得两种断裂模式下的应变能释放率为

$$\begin{cases} G_{\text{I}} = \lim_{\Delta a \to 0} \dfrac{1}{2B \Delta a} \displaystyle\int_0^{\Delta a} \sigma_{yy} \Delta v \, \mathrm{d}x \\[3mm] G_{\text{II}} = \lim_{\Delta a \to 0} \dfrac{1}{2B \Delta a} \displaystyle\int_0^{\Delta a} \tau_{xy} \Delta u \, \mathrm{d}x \end{cases} \tag{7-22}$$

为了保证计算的精确度，采用节点力求和代替对应力的积分：

$$\begin{cases} G_{\text{I}} \approx \dfrac{F_{y1}^{(1)} \Delta v_{1,1'}^{(2)}}{2B \Delta a} \\[3mm] G_{\text{II}} \approx \dfrac{F_{x1}^{(1)} \Delta u_{1,1'}^{(2)}}{2B \Delta a} \end{cases} \tag{7-23}$$

局部虚拟裂纹扩展法模型的示意图如图 7-8 所示，分别利用有限元软件计算当前状态和裂纹扩展一个单元长度后的状态，提取裂纹尖端的两个方向的节点力(图 7-8(a)中的节点 1 处)，以及这两个状态之间的裂纹尖端张开位移差(图 7-8(b)中的节点

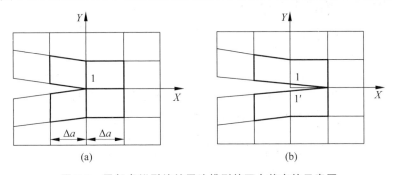

图 7-8　局部虚拟裂纹扩展法模型的两个状态的示意图

(a)裂纹当前状态；(b)裂纹扩展一个单元长度后的状态

1 和节点 $1'$ 处),利用式(7-23)即可计算得到两个断裂模式下的能量释放率。计算得到的 $G_{\mathrm{I}} = 0.3012\mathrm{N/mm}$,与理论解相比的计算误差为 3.04%。由于该问题是一个纯 I 型的对称问题,计算得到的 $G_{\mathrm{II}} = 0$。

7.5.3 虚拟裂纹闭合法

与前两种方法相比,虚拟裂纹闭合法是一个一步分析法,即只需要建立一个状态的有限元模型并进行计算,示意图如图 7-9 所示。其基本假设是虚拟裂纹尖端后方的张开位移和实际裂纹尖端后方张开位移近似相等。从而只需要计算当前状态的节点力(图 7-9 中节点 1 处)和其前方一个单元处的裂纹张开位移(图 7-9 中节点 3 和节点 4 处),近似作为裂纹尖端后方的张开位移。其他计算公式的推导与局部虚拟裂纹扩展法相同。最终的两个断裂模式下的能量释放率为

$$G_{\mathrm{I}} \approx \frac{F_{y1}\Delta v_{3,4}}{2B\Delta a}; \quad G_{\mathrm{II}} \approx \frac{F_{x1}\Delta u_{3,4}}{2B\Delta a} \tag{7-24}$$

利用式(7-24)计算得到的有限宽中心直裂纹板的能量释放率为 $G_{\mathrm{I}} = 0.2930\mathrm{N/mm}$,与理论解相比的计算误差为 0.24%。由于该问题是一个纯 I 型断裂的对称问题,计算得到的 $G_{\mathrm{II}} = 0$。

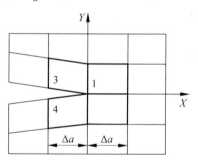

图 7-9 虚拟裂纹闭合法模型的一个状态的示意图

7.6 相互作用积分法

考虑 J 积分的计算公式:

$$J = \int_{\Gamma}(wn_1 - n_{\alpha}\sigma_{\alpha\beta}u_{\beta,1})\mathrm{d}\Gamma \tag{7-25}$$

选择两个典型的应力状态:$(\sigma_{ij}^{(1)}, \varepsilon_{ij}^{(1)}, u_i^{(1)})$ 表示真实场的应力、应变和位移,$(\sigma_{ij}^{(2)}, \varepsilon_{ij}^{(2)}, u_i^{(2)})$ 表示辅助场的应力、应变和位移。将其代入式(7-25)可得:

$$J^{(1+2)} = \int_{\Gamma}\left[\frac{1}{2}(\sigma_{ij}^{(1)} + \sigma_{ij}^{(2)})(\varepsilon_{ij}^{(1)} + \varepsilon_{ij}^{(2)})\delta_{1j} - (\sigma_{ij}^{(1)} + \sigma_{ij}^{(2)})\frac{\partial(u_i^{(1)} + u_i^{(2)})}{\partial x_1}\right]n_j\mathrm{d}\Gamma$$

$$= J^{(1)} + J^{(2)} + \int_{\Gamma}\left[W^{(1,2)}\delta_{1j} - \sigma_{ij}^{(1)}\frac{\partial u_i^{(2)}}{\partial x_1} - \sigma_{ij}^{(2)}\frac{\partial u_i^{(1)}}{\partial x_1}\right]n_j\mathrm{d}\Gamma$$

$$= J^{(1)} + J^{(2)} + \int_A \left[\sigma_{ij}^{(1)} \frac{\partial u_i^{(2)}}{\partial x_1} + \sigma_{ij}^{(2)} \frac{\partial u_i^{(1)}}{\partial x_1} - W^{(1,2)} \delta_{ij} \right] \frac{\partial q}{\partial x_j} dA$$

$$= J^{(1)} + J^{(2)} + I^{(1,2)} \tag{7-26}$$

式中，$J^{(1)}$ 和 $J^{(2)}$ 分别为状态 1 和状态 2 的 J 积分，$I^{(1,2)}$ 被称为"相互作用积分"，它是一个围绕着裂纹尖端的曲线上的能量积分，如图 7-10 所示。

$$I^{(1,2)} = \int_\Gamma \left[W^{(1,2)} \delta_{1j} - \sigma_{ij}^{(1)} \frac{\partial u_i^{(2)}}{\partial x_1} - \sigma_{ij}^{(2)} \frac{\partial u_i^{(1)}}{\partial x_1} \right] n_j \, d\Gamma$$

$$= \int_A \left[\sigma_{ij}^{(1)} \frac{\partial u_i^{(2)}}{\partial x_1} + \sigma_{ij}^{(2)} \frac{\partial u_i^{(1)}}{\partial x_1} - W^{(1,2)} \delta_{1j} \right] \frac{\partial q}{\partial x_j} dA \tag{7-27}$$

式(7-27)中的相互作用应变能的表达式为

$$W^{(1,2)} = \sigma_{ij}^{(1)} \varepsilon_{ij}^{(2)} = \sigma_{ij}^{(2)} \varepsilon_{ij}^{(1)} \tag{7-28}$$

式中，Γ 为围绕裂纹尖端的一个回路。辅助场的具体选择方法会根据推导结果给出。

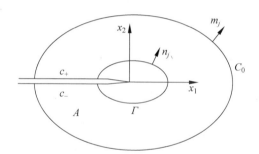

图 7-10 相互作用积分的示意图

当积分回路十分靠近裂纹尖端时，相互作用积分与真实场和辅助场的应力强度因子之间满足下面的关系式：

$$I = \frac{2}{E^*} (K_{\mathrm{I}}^{(1)} K_{\mathrm{I}}^{(2)} + K_{\mathrm{II}}^{(1)} K_{\mathrm{II}}^{(2)}) \tag{7-29}$$

式中，E^* 为弹性模量 E 和泊松比 ν 的组合，取决于问题的状态：

$$E^* = \begin{cases} E, & \text{平面应力} \\ \dfrac{E}{1-\nu^2}, & \text{平面应变} \end{cases} \tag{7-30}$$

从式(7-29)可以看出，如果附加场满足 $K_{\mathrm{I}}^{(2)} = 1$ 和 $K_{\mathrm{II}}^{(2)} = 0$，就可以得到真实应力场的 $K_{\mathrm{I}}^{(1)}$；如果附加场满足 $K_{\mathrm{I}}^{(2)} = 0$ 和 $K_{\mathrm{II}}^{(2)} = 1$，就可以得到真实应力场的 $K_{\mathrm{II}}^{(1)}$。

式(7-26)形式的线积分并不适合有限元计算。与前文的等效积分区域法类似，将被积函数乘以一个充分光滑的函数 $q(x)$，$q(x)$ 在包含裂纹尖端的开集上取值为 1，在外部指定的回路上取值为 0。因此对于任意回路 Γ，如图 7-10 所示，假设裂纹面上面力为 0 并且裂纹为直线，其相互作用积分可以写成：

$$I = \int_C \left[W^{(1,2)} \delta_{1j} - \sigma_{ij}^{(1)} \frac{\partial(u_i^{(2)})}{\partial x_1} - \sigma_{ij}^{(2)} \frac{\partial(u_i^{(1)})}{\partial x_1} \right] q m_j \, \mathrm{d}\Gamma \qquad (7-31)$$

回路 $C = \Gamma + C_+ + C_- + C_0$，$m_j$ 为 C 的外法线单位向量的分量。应用散度定理，并且将 Γ 取极限到裂纹尖端，可以得到相互作用积分以面积分的表达式为

$$I = \int_A \left[-W^{(1,2)} \delta_{1j} + \sigma_{ij}^{(1)} \frac{\partial(u_i^{(2)})}{\partial x_1} + \sigma_{ij}^{(2)} \frac{\partial(u_i^{(1)})}{\partial x_1} \right] \frac{\partial q}{\partial x_j} \, \mathrm{d}A \qquad (7-32)$$

上述推导利用了 $(m_j = -n_j, \Gamma)$ 和 $(m_j = n_j, C_0, C_+, C_-)$。

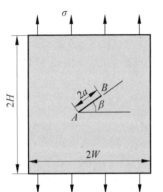

图 7-11 有限宽中心斜裂纹板的示意图

为了体现相互作用积分的求解优势，考虑一个混合模式断裂的问题——有限宽中心斜裂纹板的问题，如图 7-11 所示。由于该问题没有理论解，采用无限大中心斜裂纹的理论解进行近似。该问题的解析解为

$$\begin{cases} K_{\mathrm{I}} = \sigma\sqrt{\pi a}\cos^2\beta \\ K_{\mathrm{II}} = \sigma\sqrt{\pi a}\sin\beta\cos\beta \end{cases} \qquad (7-33)$$

针对具体的数值求解问题，取如下一组典型的几何和载荷参数进行计算：$\sigma = 30\mathrm{MPa}$，$2a = 40\mathrm{mm}$，$2W = 2H = 200\sqrt{2}\,\mathrm{mm}$，$\beta = \pi/4$，材料参数选取为杨氏模量 $E = 200\mathrm{GPa}$，泊松比 $\nu = 0.3$。计算得到的应力强度因子、J 积分和能量释放率的解析解为

$$\begin{cases} K_{\mathrm{I}} = K_{\mathrm{II}} = 118.9\mathrm{MPa} \cdot \sqrt{\mathrm{mm}} \\ J = G = \dfrac{K_{\mathrm{I}}^2 + K_{\mathrm{II}}^2}{E} = 0.141\mathrm{N/mm} \\ G_{\mathrm{I}} = G_{\mathrm{II}} = 0.071\mathrm{N/mm} \end{cases} \qquad (7-34)$$

建立相应的有限元模型，计算得到全场的应力、位移分布，并采用相互作用积分的计算程序进行后处理计算，这里选取了 5 种不同的积分半径（$R = 2.5\mathrm{mm}$，$R = 5.0\mathrm{mm}$，$R = 7.5\mathrm{mm}$，$R = 10\mathrm{mm}$，$R = 15\mathrm{mm}$），其对应的求解区域示意图如图 7-12 所示。

采用上述 5 种不同的积分半径计算得到的 Ⅰ 型、Ⅱ 型应力强度因子和 J 积分的值及其与解析解的误差如表 7-1 所示。从表中可以看出，即使对于很复杂的应力状态，相互作用积分方法仍然可以获得较为准确的结果，误差均在 $\pm 10\%$ 以内。

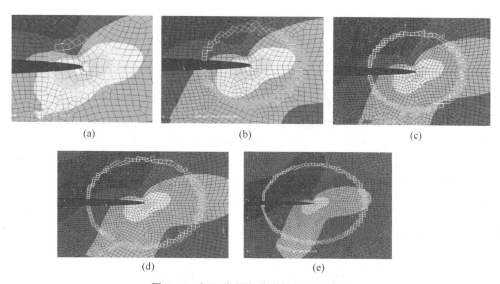

图 7-12　相互作用积分求解区域示意图

(a) $R=2.5$；(b) $R=5$；(c) $R=7.5$；(d) $R=10$；(e) $R=15$

表 7-1　5 种不同的积分半径下计算得到的 I 型、II 型应力强度因子和 J 积分的值及其与解析解的误差

	积分半径 R/mm				
	2.5	5	7.5	10	15
$K_{\mathrm{I}}/(\mathrm{MPa}\cdot\sqrt{\mathrm{m}})$	115.76	122.84	122.23	121.94	122.20
K_{I} 的误差/%	-2.64	3.31	2.80	2.56	2.78
$K_{\mathrm{II}}/(\mathrm{MPa}\cdot\sqrt{\mathrm{m}})$	117.72	122.43	123.54	123.43	123.84
K_{II} 的误差/%	-0.99	2.97	3.90	3.81	4.15
J 积分/(N/mm)	0.136	0.150	0.151	0.151	0.151
J 积分的误差/%	-3.55	6.38	7.09	7.09	7.09

7.7　计算 J 积分和应力强度因子的插件

为了在 ABAQUS 中方便地使用相互作用积分方法计算应力强度因子,笔者开发了一套 Python 代码程序,并在 ABAQUS/CAE 中创建了一个可视化的用户界面 plug-ins 插件,可适用于对二维问题、裂纹尖端附近仅有四节点单元(CPE4(R)或 CPS4(R))的模型(包括 XFEM 模型)进行快速后处理,输出 J 积分和应力强度因子。程序和插件的使用方法和步骤如下。

步骤 1:将本节末尾所附的包含程序源代码文件和资源文件的文件夹 J_internal1 解压到 abaqus_plugins 文件夹中。在默认情况下,安装了 ABAQUS 软件后,计算机中有两个位置有 abaqus_plugins 文件夹。

(1) C:\SIMULIA\EstProducts\2020\win_b64\code\python2.7\lib\abaqus_plugins;

(2) C:\Users\user\abaqus_plugins(此路径第三级的 user 一般是计算机的用户名,不同的计算机会有差异)。

步骤 2:重新打开 ABAQUS(或者计算完成后,进入 Visualization 模块),在主界面的 plug-ins 菜单中,选择 J_internal1 会弹出如图 7-13 所示的用户界面,输入相应的参数(参数的具体含义后文会有详细介绍),单击 Apply 或者 OK 按钮,即可开始计算。当计算完成后,程序会自动在 ABAQUS/CAE 界面的交互窗口(信息提示栏)中输出计算结果,即 J 积分和两个方向的应力强度因子。如果问题的规模较大,计算需要较长的时间。

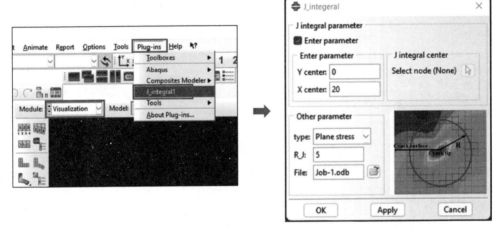

图 7-13 自动计算 J 积分和应力强度因子的插件的使用方法和用户界面

图 7-13 中的用户界面中各参数的意义如下。

(1) X center 和 Y center:积分路径(这里默认取圆形的积分路径)的中心,一般可以选裂纹尖端或者裂纹尖端的附近,只要能保证最后以这个点为中心,以积分半径为半径的圆形边界能包围住裂纹尖端就可以了。如果用户已经打开了需要求解的 ODB 结果文件,也可以通过交互式选择节点的方式来指定积分路径的中心。

(2) Type:二维问题的类型(可以选择平面应力或平面应变)。

(3) R_J:积分路径的半径。

(4) File:选择要计算(进行后处理)的结果 ODB 文件,文件已经计算完成,ODB 文件有输出全程的位移场,根据计算的位移场,程序可以利用前述理论,计算 J 积分和应力强度因子。

需要注意的是,该程序目前只能计算最后一个增量步(increment)的 J 积分和应力强度因子,如果需要计算每一个增量步的 J 积分和应力强度因子,可以在计算到该增量步后让计算停止,再利用本插件进行 J 积分和应力强度因子的计算。以此类推,即可得到相应增量步的 J 积分和应力强度因子,有 Python 代码开发经验的读者,也可以在下面所附代码的基础上进行修改,增加针对每个增量步的循环计算。

本节涉及的程序代码文件和资源文件如下:

J_internal1\j_integral1_plugin.py;

J_internal1\j_integral1DB.py;

J_internal1\J_K_3.py;

J_internal1\J_integral_2.png。

第 8 章

扩展有限单元法

第 8 章图片和程序

8.1 扩展有限单元法的基本概念

到目前为止,前文讨论的断裂模拟方法只允许裂纹沿预定的单元边界进行扩展。本章介绍了一种允许裂纹位于单元内部的断裂模拟技术——扩展有限单元法(extended finite element method,XFEM,简称为"扩展有限元法")。在该方法中,裂纹的位置与有限元的网格无关,如图 8-1 所示。

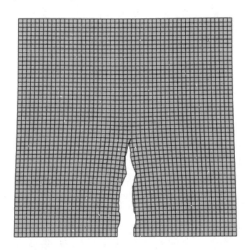

图 8-1 在扩展有限元法中,裂纹在单元内部,裂纹位置与网格无关

扩展有限元法是 Belytschko 等[47]于 1999 年在 Babuska 和 Melenk[48]的单元划分法(1997 年提出)的基础上提出的,他们采用额外的函数扩展了传统有限元方法的片状多项式函数空间。位移的解空间被额外的"扩充形函数"扩充。因此,可以为一类问题选择适当的扩充函数,将偏微分方程行为的先验知识纳入有限元的

解空间(奇异点、不连续点),从而在传统有限元方法(如加密网格)失效或计算量过大的地方,如裂纹扩展、孔洞增长、相变等问题中应用。当扩展有限元法被用于断裂问题的模拟时,主要涉及两类扩充函数的引入:①阶跃函数(step function),表示跨越裂纹面的位移跳跃;②裂纹尖端的渐进函数,模拟裂纹尖端的奇异性。后文将对此进行详细介绍。

　　扩展有限元法这种裂纹建模技术可以与内聚力区模型或虚拟裂纹闭合技术结合使用,可以与体外裂纹扩展结合起来建立模型,可以确定裂纹结构的承载能力,以及结构安全运行所允许的最大裂纹尺寸。该技术的应用包括基体材料中的裂纹模拟和复合材料的失效模拟。如压力容器或工程结构中的裂纹萌生和扩展,以及复合材料层中的分层和穿透厚度的裂纹模拟。

　　相较传统的裂纹模拟方法,扩展有限元法具有以下优点:①易于定义初始裂纹,网格的生成与裂纹无关,不需要像表示裂纹那样对几何体进行明确划分;②适用于材料非线性和几何非线性分析;③可以求解任意的、依赖于解的裂纹起始和扩展路径,裂纹路径不需要事先指定;④网格细化研究更为简单,减少了重新划分网格的工作量;⑤通过奇异裂纹尖端扩充技术提高了有限元求解的收敛率和精度(仅适用于静止的裂纹)。

　　采用扩展有限元法模拟裂纹的萌生和扩展过程建模的基本要素包括:①需要一种方法将不连续的几何形状、裂纹和不连续的解析场纳入有限元的基函数中;②需要量化位移不连续的程度——跨越裂纹面的位移阶跃:内聚力区模型;③需要一种方法来确定不连续的位置:水平集方法;④需要给定裂纹的萌生和扩展准则,即裂纹是在多大的应力或应变下开始萌生的,裂纹的扩展方向是什么。

8.1.1　扩展有限元法的位移插值法

　　由于位移场的不连续性,扩展有限元法需要引入额外的自由度来对位移场进行插值,以避免重新划分网格。在扩展有限元法中,位移场 $\boldsymbol{u}$ 可以分解为连续部分 $\boldsymbol{u}_\mathrm{C}$ 和不连续部分 $\boldsymbol{u}_\mathrm{D}$(附加自由度),不连续部分包括位移阶跃部分和裂尖奇异性部分,其离散表达式如下:

$$\boldsymbol{u}(\boldsymbol{X}) = \sum_{I \in N} N_I(\boldsymbol{X}) \left[\boldsymbol{u}_I + \underbrace{H(\boldsymbol{X})\boldsymbol{a}_I}_{I \in N_\Gamma} + \underbrace{\sum_{\alpha=1}^{4} F_\alpha(\boldsymbol{X})\boldsymbol{b}_I^\alpha}_{I \in N_A} \right] \tag{8-1}$$

式中,$\boldsymbol{a}_I$ 为节点的赫维塞德扩充自由度,$\boldsymbol{b}_I^\alpha$ 为裂尖扩充自由度,N_Γ 为被裂纹贯穿的单元节点的集合,N_A 为裂纹尖端单元节点的集合。$H(\boldsymbol{X})$ 为阶跃函数,其定义如下:

$$H(\boldsymbol{X}) = \mathrm{sign}[(\boldsymbol{X}-\boldsymbol{X}_\mathrm{c}) \cdot \boldsymbol{n}_\mathrm{c}] = \mathrm{sign}(x) = \begin{cases} +1, & x>1 \\ -x, & x<1 \end{cases} \tag{8-2}$$

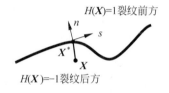

图 8-2　裂纹面上的局部坐标系

式中，X 为区域内任意一点的坐标，X_c 为裂纹线上的任意一点的坐标，n_c 为裂纹线在该点的法向量，下标 c 表示裂纹。令裂纹尖端和阶跃函数与传统形状函数相乘。扩充只是在裂纹周围的局部进行，因此，所得矩阵方程的稀疏性得到了保留。裂纹面上的局部坐标系如图 8-2 所示。裂纹的定位则采用水平集方法（后文将详细介绍）。图 8-3 给出了采用阶跃函数扩充的单元（裂纹穿过的单元）的扩充形函数的位移场可视化。

图 8-3　裂纹穿过采用阶跃函数扩充的单元的位移场的可视化

　　扩充形函数（仅在静止的裂纹中采用，扩展的裂纹中不进行裂尖扩充）考虑了裂纹尖端的奇异性，对各向同性的尖锐裂纹可以使用具有奇异性的位移场基函数。线性弹性材料的尖锐裂纹的奇异性位移场基函数为

$$\left[F_\alpha(x), \alpha = 1-4\right] = \left[\sqrt{r}\sin\frac{\theta}{2}, \sqrt{r}\sin\frac{\theta}{2}\sin\theta, \sqrt{r}\cos\frac{\theta}{2}, \sqrt{r}\cos\frac{\theta}{2}\sin\theta\right]$$

$$(8-3)$$

式中，(r, θ) 表示位于裂纹尖端的极坐标系的坐标值，如图 8-4 所示。裂纹尖端单元内的奇异扩充形函数的位移场可视化如图 8-5 所示。

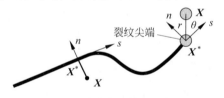

图 8-4　裂纹尖端的极坐标系

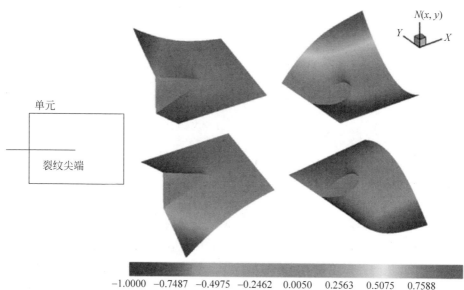

−1.0000 −0.7487 −0.4975 −0.2462 0.0050 0.2563 0.5075 0.7588

图 8-5 裂尖单元内的奇异扩充形函数的位移场

8.1.2 虚拟节点法

虚拟节点法（phantom node method，PNM）是 Belytschko 和同事[49]根据 Hansbo 等[50]的叠加单元公式提出的，其目的主要是使扩展有限元法在传统有限元框架内方便地进行程序实现，使裂纹能够从有限元单元的任何地方起始。具体而言，将带有赫维塞德扩充的非连续单元看作两个带有虚拟节点的连续单元的叠加，即单元的位移离散格式中不包括渐进的裂纹尖端的扩充形函数（奇异性扩充项），只包括阶跃扩充形函数。其示意图如图 8-6 所示。

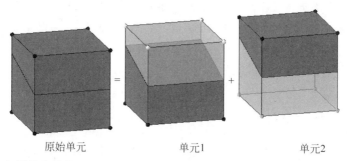

原始单元   单元1   单元2

图 8-6 把裂纹穿过的单元分解为两个单元，其中黑色的节点是原始节点，白色的节点是虚拟节点

对扩展有限元法的有限元格式重新整理，采用虚拟节点法，相当于改变了自由度的物理意义，单元的位移插值可以写成以下形式[49,51]：

$$u(\boldsymbol{X},t)=\sum_{I\in S_1}\boldsymbol{u}_I^1\Phi_I(\boldsymbol{X})H(f^e(\boldsymbol{X}))+\sum_{I\in S_2}\boldsymbol{u}_I^2\Phi_I(\boldsymbol{X})H(-f^e(\boldsymbol{X}))\quad(8\text{-}4)$$

式中，

$$\boldsymbol{u}_I^1=\begin{cases}\boldsymbol{u}_I,&f^e(\boldsymbol{X}_I)>0\\\boldsymbol{u}_I+\boldsymbol{q}_I,&f^e(\boldsymbol{X}_I)<0\end{cases}$$

$$\boldsymbol{u}_I^2=\begin{cases}\boldsymbol{u}_I,&f^e(\boldsymbol{X}_I)<0\\\boldsymbol{u}_I-\boldsymbol{q}_I,&f^e(\boldsymbol{X}_I)>0\end{cases}\quad(8\text{-}5)$$

分别是叠加的两个单元的位移场。

虚拟节点的引入使得只需要在被裂纹穿过的单元上叠加一层单元，就可以模拟间断，而不需要对普通单元进行处理，这两层单元的积分区域分别是裂纹的上半部分和下半部分。这样就可以方便地在现有有限元程序上实现不连续单元。

虚拟节点法与内聚单元的结合可以应用至复合材料，以处理基体裂纹和分层。此外，Van der Meer 和 Sluys[52] 提出了一种针对纤维失效的连续体模型。对开孔层状材料的模拟结果表明，这样的组合能够有效处理尺寸效应带来的问题。然而，虚拟节点法无法实现渐进场的富集，这给裂纹尖端的特殊应力场的正确模拟带来了困难。

8.1.3　水平集方法

裂纹面是三维空间中的曲面，且会随时间进行演化。一种常用的描述三维空间曲面的方法是水平集方法(level set method，LSM)，它可以方便地定位三维空间中的裂纹面，并有效地捕捉裂纹面的演化过程。因此，该方法被很多学者用于二维和三维断裂问题的描述和求解[53-54]。图 8-7 分别展示了二维和三维条件下裂纹面的描述方法。裂纹面需要两套水平集函数来表示，分别是裂纹面水平集函数 $\varphi(x)$ 和裂前位置水平集函数 $\psi(x)$。其中，$\varphi(x)$ 为空间中的任意一点 x 到裂纹面的有向距离，$\psi(x)$ 为该点到垂直于裂纹面的曲面(图中的红色曲面)的有向距离。所以裂纹面可以通过以下公式隐式地表示：

$$\Gamma_D=\{x\in\Omega_0\mid\varphi(x)=0,\psi(x)\leqslant0\}\quad(8\text{-}6)$$

裂纹前端的位置可以表示为

$$\{x\in\Omega_0\mid\varphi(x)=0,\psi(x)=0\}\quad(8\text{-}7)$$

通过上述两套水平集函数即可准确定义一个三维空间中的曲面(此外就是裂纹面)。

对于单条裂纹的模型，每个裂纹面和裂纹前端分别只需要一套水平集函数；而对于多条裂纹的模型，则需要多套水平集函数来分别描述每个裂纹面和裂纹前端的位置。

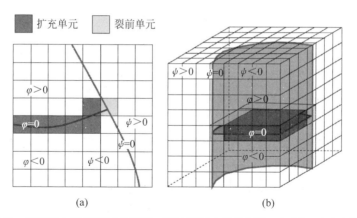

图 8-7 裂纹面水平集描述示意图：通过两套水平集函数 $\varphi(x)$ 和 $\psi(x)$ 来描述

（a）二维视图；（b）三维视图

8.2 扩展有限元法中损伤模型的建立

在扩展有限元法中，通过使用跨越断裂面的牵引分割法实现损伤建模，其遵循前文介绍的一般损伤模型的框架。包括损伤发生、损伤演化、破坏时无牵引力的裂纹面等。扩展有限元法中常用的牵引-分离法则如图 8-8 所示。在 ABAQUS 的扩展有限元法中，损伤特性被指定为基体材料定义的一部分（在 Property 模块定义）。

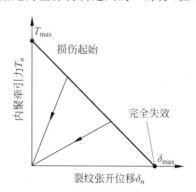

图 8-8 扩展有限元法中常用的牵引-分离法则示意图

8.2.1 损伤起始准则

目前，在 ABAQUS 中有两个损伤起始（damage initiation）准则可以和扩展有限元法共同使用以模拟裂纹萌生。

（1）最大主应力准则（MAXPS），当最大主应力达到临界值时，损伤开始发生。其表达式如下：

$$f = \frac{\langle \sigma_{\max} \rangle}{\sigma_{\max}^0} \qquad (8\text{-}8)$$

（2）最大主应变准则（MAXPE），当最大主应变达到临界值时，损伤开始发生。其表达式如下：

$$f = \frac{\langle \varepsilon_{\max} \rangle}{\varepsilon_{\max}^0} \qquad (8\text{-}9)$$

在上述两个损伤起始准则中，裂纹平面始终垂直于最大主应力（或应变）方向，裂纹萌生在单元的中心。然而，裂纹在网格中的扩展是任意的。当 $1.0 \leqslant f \leqslant 1.0 + f_{\text{tol}}$ 时，满足损伤起始准则，其中 f 是选定的损伤起始准则，f_{tol} 是用户指定的公差。

8.2.2　损伤演化准则

采用扩展有限元法模拟裂纹扩展时，除了需要设置损伤起始准则外，还需要设置损伤演化准则。前文讨论过的任何一种基于牵引-分离定律的损伤演化（damage evolution）模型都可以在扩展有限元模型中使用。同时，在扩展有限元模型中没有必要指定未损坏的牵引-分离响应。在扩展有限元法中定义损伤演化的两种典型形式如图 8-9 所示。

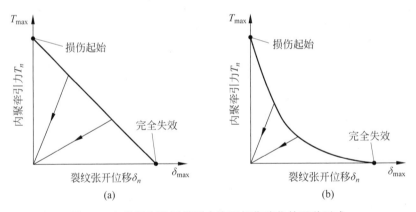

图 8-9　在扩展有限元模型中定义损伤演化的两种形式

（a）线性损伤演化；（b）指数损伤演化

8.2.3　损伤稳定化条件

当结构发生损伤和断裂时，其响应变得非线性和非平滑，问题的收敛性变差，可能会使数值方法很难收敛到一个确定的解。正如前文所讨论的，使用黏性正则化条件有助于提高牛顿迭代方法的收敛性。但是，在选择黏性稳定化参数时，必须使问题的解不发生明显变化，即黏性参数的值不影响计算的结果。因此，黏性稳定化参数通常选择一个很小的值,以使分析正则化,有助于提高问题的解的收敛性,同时对结构响应的影响最小。在进行模拟时,需要对该稳定化参数进行参数化研究,从而为该类问题选择适当的黏性稳定化参数。

8.3　创建扩展有限元法裂纹扩展模型

在 ABAQUS 中,利用扩展有限元法创建模拟断裂过程的有限元模型的主要步骤如下:

(1) 在材料模型中定义损伤准则(包括损伤起始和损伤演化准则,如果需要的话,还有损伤稳定化参数);

(2) 定义一个扩充区域(该区域的相关材料模型应包括损伤模型),该区域内的单元可以允许产生以扩展有限元法模拟的裂纹,裂纹类型可以是静止的或扩展的;

(3) 如果有初始裂纹的话,定义初始裂纹;

(4) 如果需要的话,设置分析控制以帮助结果收敛(通常都是需要的)。

上述步骤将在后文详细说明。

8.3.1　依赖于分析步的扩充激活

ABAQUS 允许以扩展有限元法模拟的裂纹的扩展可以在某一个分析步中被激活或被停用。当该功能被停用时,扩展有限元法可以用于描述已有裂纹面的间断,但不能模拟裂纹的扩展过程,当该功能被激活时,可以用于描述裂纹的扩展过程。其在 ABAQUS/CAE 中的设置如图 8-10 所示。

8.3.2　和扩展有限元法相关的输出量和后处理

在 ABAQUS 的扩展有限元法中,除了可以输出隐式应力分析程序中任何可用的其他变量外,有两个输出变量是特别有用的。

(1) PHILSM:裂纹表面的有符号的距离函数,可用于 ABAQUS/Viewer 中对裂纹的可视化。

(2) STATUSXFEM:单元的状态,数值为 $0.0 \sim 1.0$,1.0 表示单元完全开裂,裂纹表面没有牵引力。

裂纹的位置由有符号距离函数 φ 的零值水平集确定。如果在分析中使用了扩展有限元法模拟断裂问题,ABAQUS/CAE 会自动创建一个名为 Crack_PHILSM 的等值面视图切面,并默认显示裂纹等值面。当显示裂纹等值面时,应绘制场量的云图;并确保根据虚拟节点方法,从叠加单元的活动部分绘制解的云图。如果关闭裂纹等值面选项,则 ABAQUS 只绘制来自"下层"单元的数值(对应于 φ 的负

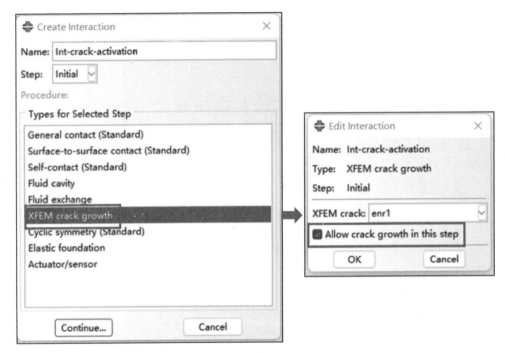

图 8-10 在某一个分析步中被激活或被停用的扩展有限元法裂纹的扩展选项

值)。当在一个单元上探测(Query)场变量时,目前只能返回"下层"单元的数值(在 φ 的负值一侧)。

8.4 几个典型的扩展有限元法分析实例

本节通过几个典型的扩展有限元法模拟裂纹萌生和扩展问题的实例,展示 ABAQUS中的扩展有限元法模拟断裂问题的能力和使用方法,包括带孔方板中裂纹的萌生和扩展问题、混合模式加载下裂纹的扩展问题,以及多簇水力裂缝的同步扩展问题。

8.4.1 带孔方板中裂纹的萌生和扩展

本节考虑一个含有中心圆孔的方板在单轴拉伸载荷下的变形和裂纹萌生,以及扩展过程。裂纹会在最大应力集中的位置产生,即在圆孔对称的两个边缘上产生。由于对称性,采用 1/2 模型来进行模拟以提高计算效率,并施加对称边界条件,模型的尺寸、边界条件和加载的位移如图 8-11 所示。

建模过程如下(此处只列出和扩展有限元法相关的关键建模步骤,其他步骤与普通的有限元分析相同,不再赘述):

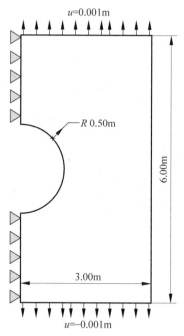

图 8-11　含有中心圆孔的板在单轴拉伸载荷下的变形和裂纹萌生,以及扩展模型

（1）定义损伤准则,包括损伤起始准则、损伤演化准则和损伤稳定化参数

1）定义损伤起始准则,这里采用最大主应力损伤起始准则,设置的最大主应力为 22MPa,其在 ABAQUS/CAE 中的设置如图 8-12 所示。

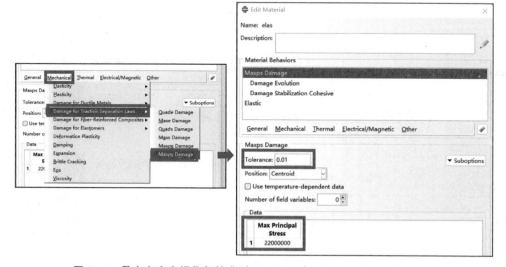

图 8-12　最大主应力损伤起始准则（MAXPS）在 ABAQUS/CAE 中的定义

2）定义损伤演化准则,这里采用基于能量的损伤演化准则,断裂参数 $G_{\mathrm{I}} = G_{\mathrm{II}} = G_{\mathrm{III}} = 2870\mathrm{N/mm}$,损伤演化准则指数为 1.0,其在 ABAQUS/CAE 中的设置

如图 8-13 所示。

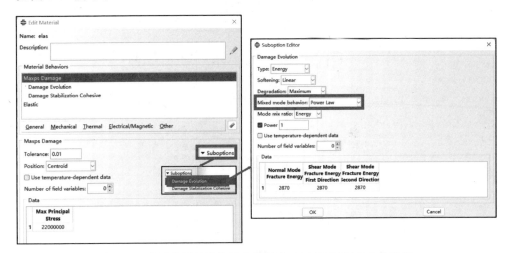

图 8-13　基于能量的损伤演化准则在 ABAQUS/CAE 中的定义

3）定义损伤稳定化参数（黏性正则化参数）以提高问题的收敛性，这里取黏性参数为 1.0×10^{-5}。

（2）定义扩充区域

扩充区域的定义方式如图 8-14 所示，此处定义了中间的一个窄带为扩充区域，即该区域内可以有扩展有限元法模拟的裂纹产生。此外，裂纹面的接触行为也被定义了。此处采用了无摩擦的小规模滑动接触相互作用来模拟裂纹面的接触行为。

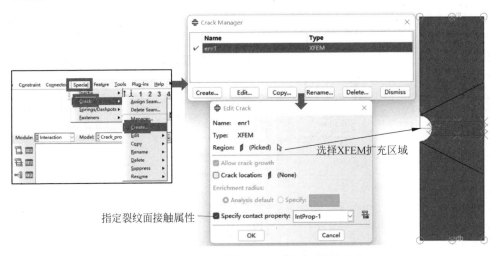

图 8-14　扩充区域在 ABAQUS/CAE 中的定义

（3）定义初始裂纹

本节中的带孔方板是没有初始裂纹的，需要模拟裂纹的萌生过程，因此不需要定义初始裂纹,初始裂纹将根据指定的损伤起始准则开始出现。

（4）设置分析控制

首先,设置常规的隐式分析时间及其增量步的控制策略,主要包括两个方面:①为步长设置合理的最小时间和最大时间增量;②在最大增量步数默认值为 100 的基础上增加步长的增量以允许更多的分析增量步。具体的设置因问题而异,如对于一个希望分析时间为 1s,至少计算 100 个增量的问题,可以将最大允许的增量步数、初始时间增量、最小时间增量、最大时间增量分别设置为 10000、0.001、1.0×10^{-10}、0.01。

其次,设置适用于不连续分析的数值方案,以提高对断裂问题模拟的收敛性,其在 ABAQUS/CAE 中的设置如图 8-15 所示(勾选 discontinuous analysis 选项)。

最后,增加放弃增量前的最大尝试次数(从默认值 5 增加到 20),该参数的意义是在一个增量步内(increment)迭代 5 次(更改为 20 次)后,如果程序仍然不收敛,就报错并停止计算。在 ABAQUS/CAE 中更改增量步迭代的最大尝试次数的设置如图 8-15 所示。

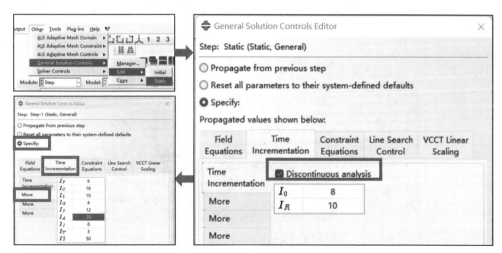

图 8-15 在 **ABAQUS/CAE** 中设置适用于不连续分析的数值方案,以及增加放弃增量前的最大尝试次数(从默认值 5 增加到 20)

（5）输出要求

对于包含扩展有限元法的有限元模型,除了要有通常的隐式分析的输出变量外(如应力、应变、位移等),还要有 PHILSM、PSILSM 和 STATUSXFEM 变量的输出,以便在后处理中观察裂纹和被扩充的单元。

在后处理中,如果输出了场变量 PHILSM,裂纹等值面(CRACK_PHILSM)会被自动创建和显示(可以直观地看到裂纹),可以像往常一样对感兴趣的领域和历史量进行绘图和动画处理。

图 8-16 给出了通过扩展有限元法模拟得到的裂纹从萌生到扩展至模型边界

过程中的几个典型状态,由于模型的对称性,对输出结果进行了对称操作以更直观地查看实际的裂纹扩展情况,图 8-17 给出了裂纹扩展的某一时刻,包含网格的裂纹扩展情况。从两图中可以看出,扩展有限元法可以很好地模拟裂纹的萌生和扩展过程,且其裂纹线和网格独立。

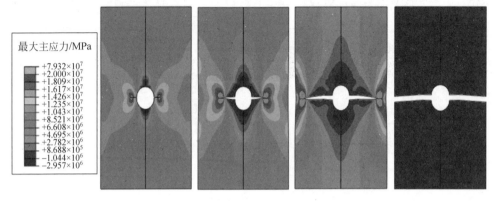

图 8-16   通过扩展有限元法模拟得到的裂纹从萌生到扩展至模型边界过程中的几个典型状态

变形放大因子为 10

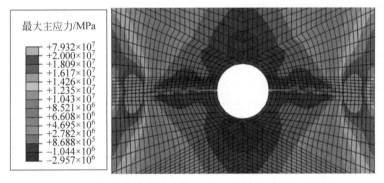

图 8-17   裂纹扩展的某一时刻,包含网格的裂纹扩展情况

模拟得到的加载端部的反力-位移曲线如图 8-18 所示,可以看出,当端部的位移加载到 0.53mm 时,裂纹开始迅速扩展并贯穿整个带圆孔的板,载荷由最大值急剧下降;当裂纹完全贯穿结构后,载荷降为 0,此时结构已不能承载了。

本节模型的 CAE 文件和计算的 INP 文件分别为

crackInitialWithHoleXfem. cae;

crackInitialWithHoleXfem. inp。

8.4.2   混合模式加载下裂纹的扩展

本节考虑一个混合模式加载下的裂纹扩展问题,初始裂纹需要被定义,裂纹以一个由裂纹尖端的混合模式比率决定的角度进行扩展。模型的几何示意图如图 8-19

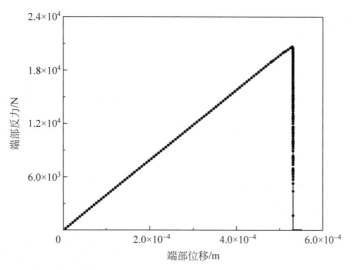

图 8-18　模拟得到的加载端部的反力-位移曲线

所示,模型的几何参数为,高度 $H=6\text{m}$,长度 $L=3\text{m}$,初始裂纹长度 $L_c=1.5\text{m}$,采用平面应变模型,厚度方向的尺寸为单位 1。单边水平方向的加载位移为 0.0027m,竖直方向的加载位移为 0.00162m,均随时间线性加载。

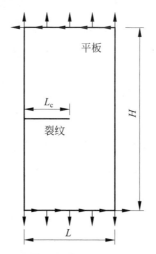

图 8-19　混合模式加载下的裂纹扩展的示意图

本节所使用的材料参数如表 8-1 所示。

表 8-1　混合模式加载下的裂纹扩展模型的材料参数

材　料　参　数	值	单　　位
杨氏模量(E)	210.0	GPa
泊松比(ν)	0.3	—

续表

材 料 参 数	值	单 位
最大主应力(σ_{max})	220	MPa
断裂能($G_{IC}=G_{IIC}=G_{IIIC}$)	42200	N/m
指数	1.0	—

本模型的关键建模步骤(图 8-20)如下:

(1) 如 8.4.1 节所述,在材料模型中定义损伤准则,包括损伤起始准则和损伤演化准则;

(2) 指定扩展有限元法模拟的裂纹的可扩展区域;

(3) 定义初始裂纹位置。

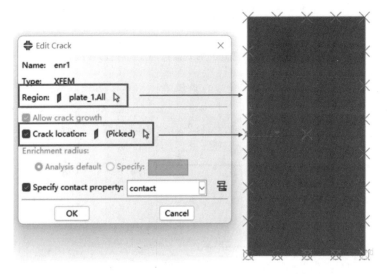

图 8-20 采用扩展有限元法模拟含有初始裂纹的模型的设置

在 ABAQUS/CAE 中,有两种方法可以用来定义用于扩展有限元法计算的初始裂纹位置:

① 创建一个代表裂纹线(二维)或裂纹表面(三维)的独立部件,并将其与待分析结构的部件组合在一起,指定该线或表面的位置为扩展有限元法计算的裂纹的位置;

② 在零件中创建一个代表裂纹的内部面或边缘,通常通过切割的方式实现。

在上述两种方法中,方法①通常是首选的,因为它充分利用了扩展有限元法独立于网格的裂纹表示方法,使用这种方法可以更容易和灵活地进行初始裂纹的定义。方法②在内部裂纹面上创建节点,此时单元的面/边被迫与裂纹对齐。

在 INP 文件中定义初始裂纹的语句如下:

```
1      ** Model data
```

```
2    * Initial Conditions,Type=Enrichment
3    1,1,Crack-1,-1.0,-1.5
4    1,2,Crack-1,-1.0,-1.4
5    1,3,Crack-1,1.0,-1.4
6    1,4,Crack-1,1.0,-1.5
```

上述数据行的第一列表示被扩充单元的编号,第二列表示扩充单元内的节点的相对编号,第三列表示扩充名称(裂纹的名称),第四列表示水平集函数 φ 的值(用于定位裂纹面位置),第五列表示水平集函数 Ψ 的值(用于定位裂尖位置)。

裂纹位置既可以属于与扩充区域相同的实例(Instance)的边缘或表面,也可以属于不同的实例(首选)。

其他的步骤如 8.4.1 节所述,与通常的静态分析过程所需的步骤一致,这里不再赘述。

在本节计算得到的裂纹开始扩展和裂纹扩展到结构边缘时的米塞斯应力云图如图 8-21 所示。从图中可以看出,在水平和竖直方向的混合加载下,水平裂纹沿与水平方向夹角为 23°的方向扩展,直到贯穿整个结构。水平方向的载荷位移曲线和曲线上的特征点所对应的裂纹扩展情况如图 8-22 所示。从图中可以看出,初始时刻随着加载的进行,裂纹并未扩展,载荷随加载位移的增加而线性增加。当载荷达到一定值后(约为 4×10^7 N),裂纹开始扩展,结构承载能力开始下降;当裂纹扩展到结构边缘时,载荷有一个二次增加的过程,随着裂纹贯穿整个结构,载荷突然降为 0,结构完全失去了承载能力。

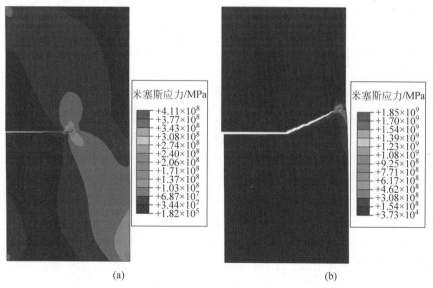

(a)   (b)

图 8-21 裂纹开始扩展和扩展到结构边缘时的米塞斯应力云图

(a) 开始扩展;(b) 扩展到结构边缘

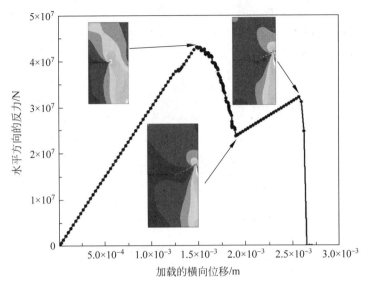

图 8-22　水平方向的载荷位移曲线和曲线上的特征点所对应的裂纹扩展情况

本节模型的 CAE 文件和计算的 INP 文件为

crackPropMixModeXfem.cae；

crackPropMixModeXfem.inp。

8.4.3　多簇水力裂缝同步扩展的模拟

本节考虑石油工程中的多井同步水力压裂施工过程的流体驱动裂缝扩展的模拟。在实际施工中，常见的两种多井同时压裂的施工方式是同步压裂和顺序压裂。其中，顺序压裂又分为 Zipper 压裂和改进的 Zipper 压裂。两种压裂方式的示意图如图 8-23 所示。

首先，建立如图 8-24 所示的顺序压裂模拟的有限元模型，其中包含了模型的几何参数和边界条件，采用扩展有限元法模拟水力裂缝的扩展。模拟区域是一个长为 300m，宽为 100m（两个水平井的间距）的区域，长度方向的两侧分别采用一层无限元模拟无限大空间的延伸（图 8-24 中的灰色区域）。两个水平井筒各包含 4 个压裂段，每个压裂段的间距均为 $L_s=75m$，每个压裂段含 3 个射孔簇，射孔簇的间距均为 $L_p=18.5m$。所有初始射孔簇的长度均为 0.5m。每个压裂段的注入流体流量为 $Q_0=0.5m^3/s$（平均到每个射孔簇为 $10m^3/min$），每个压裂段的作业时间为 2400s（2/3h）。当采用改进的 Zipper 压裂方法进行压裂时，可通过下式控制上、下两个水平井的压裂段的错位距离：

$$L_z=\beta L_p \tag{8-10}$$

式中，β 为错位距离系数。

不同时刻同步 Zipper 压裂的缝网分布情况（时间依次为 2400s、4800s、7200s、

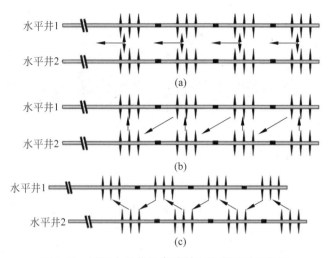

图 8-23 两口水平井同步压裂和顺序压裂示意图

（a）同步压裂；（b）顺序压裂（Zipper 压裂）；（c）顺序压裂（改进的 Zipper 压裂）

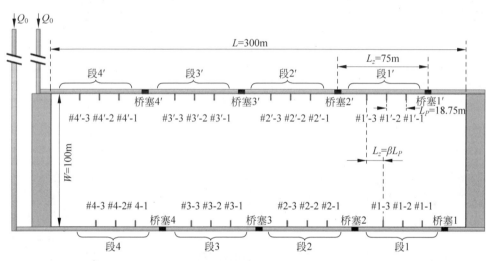

图 8-24 同步压裂和顺序压裂的模型示意图

9600s）如图 8-25 所示，不同射孔簇错位间距下的同步压裂的最终缝网分布情况
（图中的上、下两个井筒的射孔错位间距 L_z 依次为簇间距 L_p 的 0.2 倍、0.3 倍、
0.4 倍、0.5 倍）如图 8-26 所示。

本节建模的 Python 代码文件和配合程序计算的用户子程序文件为

2D_xfem_multisimulfrac_seq.py；

2D_xfem_multi_valve_seq.for；

exa_hydfracture-pipe.for。

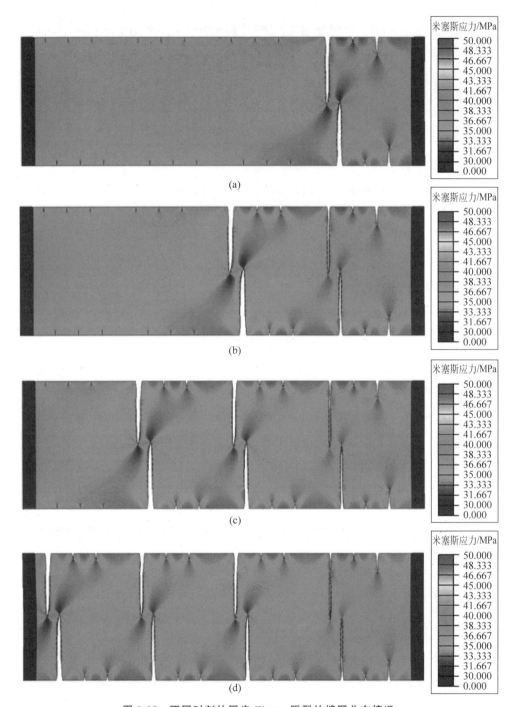

图 8-25 不同时刻的同步 Zipper 压裂的缝网分布情况

(a) 2400s；(b) 4800s；(c) 7200s；(d) 9600s

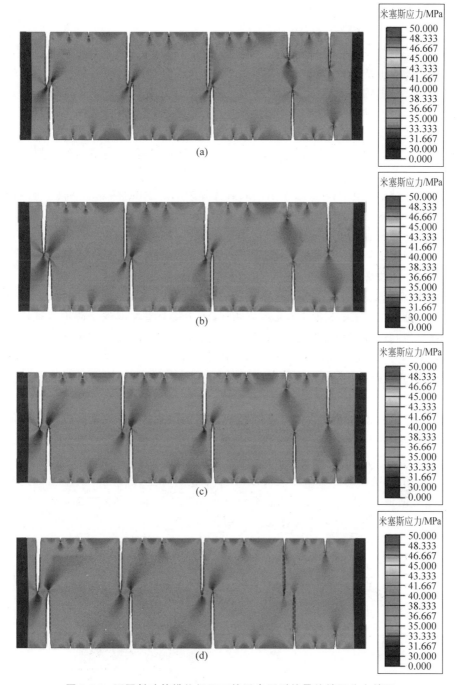

图 8-26　不同射孔簇错位间距下的同步压裂的最终缝网分布情况

（a）0.2倍；（b）0.3倍；（c）0.4倍；（d）0.5倍

8.5 扩展有限元法模拟断裂的技巧

单元中使用平均量来确定裂纹的起始和扩展方向,用于判断裂纹萌生和扩展的积分点上的主应力或应变值是平均的。新的裂纹总是在单元的中心开始。在扩充区域内,只有在所有裂纹完全分离后才进行新的裂纹起始检查,这可能导致多条裂纹的突然出现(STATUSXFEM=1 表示所有裂纹完全分离)。裂纹不能在相邻的单元中产生,裂纹在一个增量中完全通过一个单元扩展,只有最初的裂纹尖端可以位于一个单元内。

扩充区域不得包括由于边界条件或其他建模而产生的"热点",否则,非预期的裂纹可能会在这些地方出现。

损伤起始的容忍度会影响计算结果的准确性和收敛性,较大的值可能导致一个区域内有多条裂纹同时萌生,这是不符合物理规律的;而较小的值则会导致时间增量较小和收敛困难。

此外,合理地使用黏性正则化方法可以帮助收敛,有可能的话,初始裂纹应该将单元一分为二,如果裂纹与单元边界相切,收敛就会更加困难。使用位移控制而不是载荷控制可以提高问题的收敛性。在载荷控制下,裂纹的扩展可能是不稳定的。限制最大增量的大小,并从准确预测初始增量的大小开始计算,是提高任何非光滑非线性问题收敛性的好方法。使用分析控制有助于获得收敛的解决方案并加快收敛速度。

应在显示裂纹等值面的情况下绘制现场量的圆周图,确保根据幻象节点的方法,从叠加单元的有效部分绘制出解。如果关闭裂纹等值面,则只能绘制"下层"单元的数值(在 φ 的负值一侧)。

当使用 ABAQUS/CAE 定义裂纹时,裂纹的外部边缘将延伸到基本几何形状之外,这有助于避免因几何公差问题而将外部边缘错误地识别为内部边缘。图 8-27 定义了圆柱形容器中的穿透性裂纹。

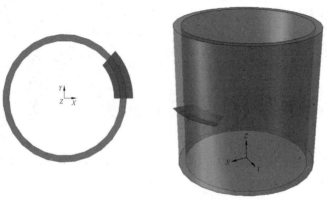

图 8-27 圆柱形容器中的穿透性裂纹

8.6 扩展有限元法的局限性

虽然扩展有限元法对于模拟复杂的断裂问题很有优势,但需要说明的是,ABAQUS 中的扩展有限元模型也具有一些局限性,在使用时需要特别注意,具体的局限性包括:

(1) ABAQUS 中的扩展有限元模型只能用于静态应力分析程序(static, general)和隐式动态分析程序(dynamic implicit),不能用于显式分析程序;

(2) ABAQUS 中的扩展有限元模型只能与线性连续体单元一起使用,具体包括 CPE4、CPS4、C3D4、C3D8 单元和它们对应的减缩积分,以及非协调元;

(3) 单元处理不是并行进行的,在共享内存处理器(shared-memory processors, SMP)上,只有求解器是并行运行的,在分布式内存处理器(distributed-memory processors,DMP)上,单元和求解器都不能并行运行;

(4) 在 ABAQUS 的扩展有限元模型中,通过围道积分输出裂纹尖端的应力强度因子的方法目前只支持三维静止的裂纹;

(5) 可以模拟结构中的单个或多个不相互影响的裂纹(不交叉、汇合、分叉等),不能对碎裂过程进行模拟;

(6) 一个单元不能被一个以上的裂纹切割,即一个单元内只允许有一条裂纹,且裂纹在一个增量步中不能转弯超过 $90°$;

(7) 第一个带符号的距离函数 Φ 必须是非零的,如果裂纹位于单元的边界,则应该使用一个小的正值或负值,这将使裂纹与单元边界稍有偏移,否则会导致数值求解困难(不收敛);

(8) 在扩展有限元模型中,ABAQUS 只考虑了无摩擦的小滑移接触,如果接触面之间的相对滑动确实很大,那么小滑移假设将导致不符合物理规律的接触行为;

(9) 只有扩展有限元法扩充的区域才能有一个带有损伤的材料模型,如果只有一部分模型需要被扩充,需要为未被扩充的区域定义一个无损伤的材料模型;

(10) 在一个单元上探测场变量的值,目前只能从"下层"单元中返回数值(对应于 Φ 的负值)。

断裂相场法

第9章图片

9.1　断裂相场法的基本概念

通过在纯连续介质中使尖锐裂纹不连续性正则化来描述问题的一种断裂力学数值模拟方法——断裂相场法,近几年受到了广泛关注。这种弥散裂纹模型可以解决复杂的材料失效的拓扑结构(如脆性固体动态断裂)中的裂纹分叉和汇合现象。与模拟尖锐裂纹的计算模型不同,相场弥散裂纹方法是一种空间光滑的连续裂纹模型,它避免了不连续性的额外建模,并且可以通过耦合的多场有限元求解器直接实现。求解弹性材料断裂的具体理论和实现可以参考 Francfort 和 Marigo[55]、Bourdin 等[56]、Hakim 和 Karma[57]、Miehe 等[58]、Borden 等[59]、Verhoosel 和 Borst[60] 的文献。这些描述方法适用于在准静态和动态条件下模拟弹性固体中的脆性断裂。进一步地,Miehe 等[58]和 Borden 等[59]以正则化裂纹面为中心,将梯度损伤理论与断裂力学相结合,发展了梯度损伤相场模型,可以模拟弹塑性材料的复杂断裂过程。

在多场耦合问题方面,Miehe 等[61]将相场法推广到基于正则化裂纹表面本构演化方程的严格几何计算中,允许在相场方程中包含裂纹驱动力。基于应力的本构驱动力的引入使得相场法在各向异性和多物理场问题中对脆性断裂进行相场模拟成为可能。此外,研究者们发展了裂纹表面演化方程的半隐式和显式时间积分算法,这种处理方法可以通过算子分裂和交错格式进行数值求解,以分别更新裂纹扩展过程和材料的多物理场响应。文献[61]详细描述了适用于热弹性耦合脆性断裂的相场模型框架,其可以进一步扩展到各种复杂的多物理耦合断裂问题中。

在相场法中,引入损伤变量 $d \in [0,1]$ 来描述材料的失效。特别是,$d=0$ 和 $d=1$ 的区域对应于材料的未断裂和完全断裂状态。本章将重点介绍热弹塑性相场模型的框架。该模型由宏观和微观力平衡方程、能量平衡方程和不可逆损伤条件组成。此外,还需要非线性本构关系。

9.2　热弹塑性相场法模型

9.2.1　热弹塑性损伤模型

考虑各向同性热弹塑性的固体 $\Omega \subset R^{\delta}$ 与外边界 $\partial\Omega \subset R^{\delta-1}$ 在一段时间内($0-t_{\mathrm{f}}$)的变形、温度和断裂场的演化过程,如图 9-1 所示。这里,$\delta \in \{1,2,3\}$ 是问题的维数。设 Ω_t、$\partial\Omega_u$、$\partial\Omega_J$ 和 $\partial\Omega_\theta$ 为牵引力、位移、热流和温度边界,即 $\Omega_t \bigcup \Omega_u = \partial\Omega$,$\partial\Omega_t \bigcap \Omega_u = \varnothing$,$\partial\Omega_J \bigcup \Omega_\theta = \partial\Omega$,$\partial\Omega_J \bigcap \Omega_\theta = \varnothing$。

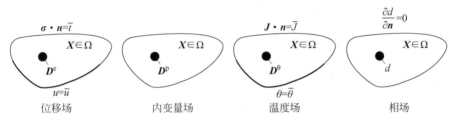

图 9-1　热弹塑性相场模型的主要场变量

根据有限应变框架,假设总变形率 $\boldsymbol{D}$ 的相加分解如下:
$$\boldsymbol{D} = \boldsymbol{D}^{\mathrm{e}} + \boldsymbol{D}^{\mathrm{p}} + \boldsymbol{D}^{\theta} \tag{9-1}$$
式中,$\boldsymbol{D}^{\mathrm{e}}$、$\boldsymbol{D}^{\mathrm{p}}$ 和 $\boldsymbol{D}^{\theta}$ 分别为变形率的弹性、塑性和热膨胀部分。

基于材料损伤降低后的固有柯西应力 σ_0,采用基于柯西应力 σ 的热弹塑性模型。根据 Green-Naghdi 客观率定义的弹性响应是通过将次弹性定律应用于弹性变形速率来确定的:
$$\boldsymbol{\sigma} = g(d)\,\boldsymbol{\sigma}_0, \quad \Delta\boldsymbol{\sigma}_0^{\nabla G} = \boldsymbol{C}_0^{\nabla G} : \boldsymbol{D}^{\mathrm{e}} \tag{9-2}$$
式中,$\boldsymbol{C}_0^{\nabla G}$ 为材料的固有弹性刚度张量,由杨氏模量 E 和泊松比 ν 决定;$g(d) = (1-d)^2$ 为典型的退化函数。

采用米塞斯屈服面的各向同性强化 $J2$ 流动模型。该模型特别适用于金属塑性问题,其屈服条件是
$$f(\boldsymbol{\sigma};\varepsilon_{\mathrm{p}},\dot{\varepsilon}_{\mathrm{p}},\theta,\cdots) = \sigma_{\mathrm{eq}}(\boldsymbol{\sigma}) - \sigma_{\mathrm{Y}}(\varepsilon_{\mathrm{p}},\dot{\varepsilon}_{\mathrm{p}},\theta,\cdots) = 0 \tag{9-3}$$
塑性变形率 $\boldsymbol{D}^{\mathrm{p}}$ 通过如下公式给出:
$$\boldsymbol{D}^{\mathrm{p}} = \dot{\lambda}\boldsymbol{r}, \quad \boldsymbol{r} = \frac{\partial f}{\partial \boldsymbol{\sigma}} = \frac{3\boldsymbol{S}}{2\sigma_{\mathrm{eq}}}, \quad \dot{\lambda} = \bar{\boldsymbol{\varepsilon}}_{\mathrm{p}} \tag{9-4}$$
式中,$\boldsymbol{r}$ 为塑性流动的方向(关联塑性);$\boldsymbol{S}$ 为柯西应力的偏斜部分,$\boldsymbol{S} = \frac{1}{3}\mathrm{trace}(\boldsymbol{\sigma})\boldsymbol{I}$;$\sigma_{\mathrm{eq}} = \sqrt{3(\boldsymbol{S}:\boldsymbol{S})/2}$ 为等效米塞斯应力;σ_{Y} 为屈服应力;$\dot{\boldsymbol{\varepsilon}}_{\mathrm{p}} = \sqrt{3(\boldsymbol{D}^{\mathrm{p}}:\boldsymbol{D}^{\mathrm{p}})/2}$ 为等效塑性应变率;$\varepsilon_{\mathrm{p}} = \int \dot{\varepsilon}_{\mathrm{p}}\mathrm{d}t$ 为等效塑性应变。

Johnson-Cook(J-C)本构模型是用于描述金属材料屈服状态的典型模型,该模型考虑了应变硬化、应变率硬化和热软化效应,其屈服函数如下:

$$\sigma_Y^0 = (A + B\varepsilon_p^N)\left(1 + C\ln\frac{\dot{\varepsilon}_p}{\dot{\varepsilon}_0}\right)\left(1 - \left(\frac{\theta - \theta_0}{\theta_m - \theta_0}\right)^m\right) \tag{9-5}$$

式中,σ_Y^0 为非损伤材料的屈服应力,A、B、C、N 和 m 为材料参数,θ_m 为熔化温度,θ_0 为参考温度(取为273K);$\dot{\varepsilon}_0$ 为参考应变率(取为1.0)。当材料损伤时,屈服应力 σ_Y 也随之退化,退化函数为 $g(d)$。也就是说,$\sigma_Y = g(d)\sigma_Y^0$。

考虑各向同性热膨胀,则热变形率 $\boldsymbol{D}^\theta$ 可以简化,简化后的热变形速率为

$$\boldsymbol{D}^\theta = \alpha_\theta \dot{\theta} \boldsymbol{I} \tag{9-6}$$

式中,α_θ 为材料的热膨胀系数,$\boldsymbol{I}$ 为恒等张量。

9.2.2　自由能及其分解

本构关系现在取决于弹性、塑性、热量和断裂对自由能密度贡献的具体形式。将自由能密度分解为存储变形(弹性和塑性)、热和断裂部分的通用形式,分别标记为 ψ^s、ψ^θ、ψ^f。

$$\psi = \psi^s + \psi^\theta + \psi^f \tag{9-7}$$

材料的储存变形能由弹性部分和塑性部分组成。对于完整材料(无损伤失效),驱动损伤演化的弹性变形能密度和塑性变形能密度为

$$\psi_{e0} = \int_0^t \boldsymbol{\sigma}_0 : \boldsymbol{D}^e \, d\tau \tag{9-8}$$

$$\psi_{p0} = \int_0^t (1 - \chi_t) \boldsymbol{\sigma}_0 : \boldsymbol{D}^p \, d\tau \tag{9-9}$$

式中,$\chi_t \in (0,1)$ 为塑性功转化为热能的比例系数。剩余的塑性功用于生成新的断裂表面。χ_t 通常被认为是一个常数,与材料无关,本章假设它为0.9。

弹性应变能密度通常根据对断裂相场驱动的贡献分解为两部分:

$$\psi_{e0} = \psi_{e0}^- + g(d)\psi_{e0}^+ \tag{9-10}$$

文献中小应变分析中使用的 ψ_{e0}^+ 是应变能密度的体积"分解"。在这种分解中,拉伸体积应变和偏应变对损伤相场有贡献[62]:

$$\psi_{e0}^+ = (\lambda/2 + \mu/3)\langle\mathrm{tr}\varepsilon^e\rangle_+^2 + \mu\|\mathrm{dev}\varepsilon^e\|^2 \tag{9-11}$$

式中,ε^e 为小弹性应变张量,$\mathrm{tr}\varepsilon^e$ 和 $\mathrm{dev}\varepsilon^e$ 分别为体积和偏斜部分,λ 和 μ 为拉梅常数(Lamé constant),对于任何 $a \in \mathbf{R}$,有 $\langle a\rangle := (a \pm |a|)/2$。

另一种流行的分解方式(文献[59]~文献[63])是基于小应变张量的谱分解形式:

$$\psi_{e0}^+ = (\lambda/2)\langle\mathrm{tr}\varepsilon^e\rangle_+^2 + \mu\sum_{i=1}^3 \langle\varepsilon_i^e\rangle_+^2 \tag{9-12}$$

式中,ε_i^e 为主应变。在这种分解中,只有纯拉伸变形才对损伤相场的形成有贡献。

近年来,人们提出了一些新的分解方法来处理更复杂的问题。例如,Wu等[64-65]提出了基于统一相场损伤理论的相场各向异性损伤模型[66-67]。采用能量正则化中有效应力的正负投影处理单边效应,适用于脆性断裂和准脆性破坏。本章所有模拟均采用体积偏裂分解法来考虑材料在静水压力作用下不产生裂纹的情况,并使其与塑性屈服(静水压力不会导致材料屈服)一致。

为了更好地模拟损伤起始过程,引入能量密度阈值 w_0。它可以理解为损伤萌生前组织演化所需的储存变形能,如再结晶过程。只有 ψ_{e0}^+ 和塑性储能(w_0 除外)之和对损伤演化过程有贡献,并通过函数 $g(d)=(1-d)^2$ 退化。因此,储存的变形能密度可以表示为

$$\psi^s = \psi_{e0}^- + \min[\psi_{e0}^+ + \psi_{p0}, (1-\chi_t)w_0] + g(d)\langle\psi_{e0}^+ + \psi_{p0} - (1-\chi_t)w_0\rangle_+$$

(9-13)

假设材料的比热 c 为常数,自由能密度的热力学部分为

$$\psi^\theta = -\rho c\theta\ln\frac{\theta}{\theta_0}$$

(9-14)

式中,ρ 为材料的密度。

断裂能密度由经典的相场断裂理论[56]给出

$$\psi_f = \frac{g_{cs}}{2l_c}(d^2 + l_c^2\|\nabla d\|^2)$$

(9-15)

式中,g_{cs} 为有效的临界能量释放率,l_c 为表征裂纹宽度的长度尺度参数。稍后将解释在金属材料的绝热剪切带的演化过程中,g_{cs} 和 w_0 对于损伤演化的重要作用。

9.2.3 控制方程

考虑温度场和相场演化的弹塑性断裂问题的求解域:

$$\begin{cases} T^u := \{\boldsymbol{u} \in H^1(\Omega;\mathbf{R}^\delta) \times [0,t_f] \mid \boldsymbol{u}(\cdot,t)=\bar{\boldsymbol{u}}(\cdot,t) \quad \text{on} \quad \partial\Omega_u\} \\ T^\theta := \{\theta \in H^1(\Omega;\mathbf{R}^1) \times [0,t_f] \mid \theta(\cdot,t)=\bar{\theta}(\cdot,t) \quad \text{on} \quad \partial\Omega_\theta\} \\ T^d := \{d \in H^1(\Omega;[0,1]) \times [0,t_f]\} \end{cases}$$

(9-16)

然后,正则化的变分公式可以表述为,找到 $(\boldsymbol{u},\theta,d)\in T^u\times T^\theta\times T^d$,它是方程 $S_{l_c}[\boldsymbol{u},\dot{\boldsymbol{u}},\theta,\Gamma]:=\int_0^{t_f} L_{l_c}[\boldsymbol{u},\dot{\boldsymbol{u}},\theta,\Gamma]\mathrm{d}t$ 的鞍点。

$$L_{l_c}[\boldsymbol{u},\dot{\boldsymbol{u}},\theta,\Gamma] := \int_\Omega \left\{\frac{1}{2}\rho\dot{\boldsymbol{u}}\cdot\dot{\boldsymbol{u}} - \psi(\boldsymbol{D}(\boldsymbol{u},\theta),d) + \rho\boldsymbol{b}\cdot\boldsymbol{u} + \rho c\dot{\theta} + \nabla\cdot\boldsymbol{J} - \gamma\right\}\mathrm{d}V +$$

$$\int_{\partial\Omega_t}\bar{\boldsymbol{t}}\cdot\boldsymbol{u}\mathrm{d}\Gamma + \int_{\partial\Omega_J}\bar{J}\cdot n\mathrm{d}\Gamma - \frac{g_{cs}}{2l_c}\int_\Omega(d^2+l_c^2\|\nabla d\|^2)\mathrm{d}V$$

(9-17)

式中,$\boldsymbol{b}$ 为单位质量的体积力矢量;γ 为单位体积上的体热源;Γ 为不连续面的集合;$\boldsymbol{J}$ 为假设与温度梯度成比例的内部热流,$\boldsymbol{J}=-k\cdot\nabla\theta$。其中,$k$ 为材料的热导率。边值问题的强形式可由式(9-17)导出:

$$\begin{cases} \mathrm{div}\,\boldsymbol{\sigma} + \rho\boldsymbol{b} = \rho\ddot{\boldsymbol{u}}, & \Omega \times [0,t_{\mathrm{f}}] \\[2mm] \rho c\dot{\theta} + \nabla \cdot \boldsymbol{J} = \gamma, & \Omega \times [0,t_{\mathrm{f}}] \\[2mm] \dfrac{g_{\mathrm{cs}}}{2l_{\mathrm{c}}}(d - l_{\mathrm{c}}^2 \Delta d) = (1-d)\langle \psi_{\mathrm{e}0}^+ + \psi_{\mathrm{p}0} - (1-\chi_t)w_0 \rangle, & \Omega \times [0,t_{\mathrm{f}}] \\[2mm] \boldsymbol{\sigma} \cdot \boldsymbol{n} = \bar{\boldsymbol{t}}, & \partial\Omega_t \times [0,t_{\mathrm{f}}] \\[2mm] \boldsymbol{J} \cdot \boldsymbol{n} = \bar{J}, & \partial\Omega_J \times [0,t_{\mathrm{f}}] \\[2mm] \dfrac{\partial d}{\partial \boldsymbol{n}} = 0, & \partial\Omega \times [0,t_{\mathrm{f}}] \end{cases} \tag{9-18}$$

为了满足损伤演化的不可逆条件,引入一个局部历史场变量 H 来记录相场驱动能量密度的历史最大值:

$$H(\boldsymbol{x},t) = \max_{s \in [0,t]} \langle \psi_{\mathrm{e}0}^+(\boldsymbol{x},s) + \psi_{\mathrm{p}0}(\boldsymbol{x},s) - (1-\chi_t)w_0(\boldsymbol{x},s) \rangle \tag{9-19}$$

因此,相场的演化方程可以重写为

$$\frac{g_{\mathrm{cs}}}{2l_{\mathrm{c}}}(d - l_{\mathrm{c}}^2 \Delta d) = (1-d)H, \quad \Omega \times [0,t_{\mathrm{f}}] \tag{9-20}$$

上述公式决定了损伤相场的演化。可以看出,H 为相场演化的驱动力;g_{cs} 为相场演化的"阻力";l_{c} 位于扩散项的前面,代表了相场损伤向周围区域扩散的特征范围,对剪切带宽度的演化有非常重要的影响。

9.2.4　相场演化的速率依赖形式

为了采用显式时间积分进行计算,使用文献[14]、文献[15]和文献[35]中与时间相关的形式来确定相场的演化:

$$\dot{d} = \begin{cases} \dfrac{1}{\eta}\langle (1-d)H - \dfrac{g_{\mathrm{cs}}}{2l_{\mathrm{c}}}(d - l_{\mathrm{c}}^2 \Delta d) \rangle_+, & d < 1 \\[3mm] 0, & \text{其他} \end{cases} \tag{9-21}$$

式中,η 为黏性参数,它对相场的演化有重要影响,可以理解为系统的黏性。

边值问题的初始条件可以表示为

$$\boldsymbol{u}(\cdot,0) = \boldsymbol{u}_0, \quad \dot{\boldsymbol{u}}(\cdot,0) = \boldsymbol{v}_0, \quad \theta(\cdot,0) = \theta_0, \quad d(\cdot,0) = d_0 \tag{9-22}$$

式中,$\boldsymbol{u}_0$、$\boldsymbol{v}_0$、θ_0 和 d_0 分别为初始的位移场、速度场、温度场和损伤相场。通过编写用户子程序 VUEL 和 VUMAT,在商业有限元软件包 ABAQUS/Explicit 中建立了上述相场演化模型。

9.3　断裂参数标定

在 9.2 节提出的热弹塑性相场模型中,有两个主要的未知断裂参数:w_0 和 g_{cs}。其中,w_0 决定了相场损伤起始所需要的能量密度,g_{cs} 决定了相场损伤演化的快慢。接下来,将首先通过单元测试来说明这两个参数对相场损伤演化的影响,然后根据实验数据给出确定这两个参数的方法。

9.3.1　单元测试

为了更清楚地研究 w_0 和 g_{cs} 对材料和结构在高应变率下响应的影响,首先测试了不同材料在不同的应变率、w_0 和 g_{cs} 下的单轴拉伸过程。注意,此处进行了单元试验,因此获得了材料点的局部应力应变响应。它不同于一般的结构整体响应和宏观应力应变曲线。为保持各单轴拉伸的应变率恒定,考虑到结构的大变形,单轴拉伸的轴向速度为 $v = L_0 \dot{\varepsilon}_c e^{\dot{\varepsilon}_c t}$。其中,$L_0$ 为单轴拉伸试验模型的初始轴向长度;$\dot{\varepsilon}_c$ 恒定,为最终加载到的轴向应变率。表 9-1 和表 9-2 分别列出了本研究所使用的材料参数。黏性参数 η 取为 5.0×10^{-8} kN·s/mm^2。图 9-2 给出了三种材料在单轴拉伸测试下的应力-应变曲线,分别为①Ss304L;②Cu;③Ti6Al4V。

表 9-1　本章模拟中用到的金属 J-C 模型的材料参数[68-70]

	ρ_0/(kg/m^3)	E/GPa	ν	A/GPa	B/GPa	C	n	m	θ_m/℃
Ss304L	7900	210	0.29	0.1	1.072	0.05	0.34	1.0	1083
Ti6Al4V	4430	110	0.33	0.862	0.331	0.012	0.34	0.8	1630
Cu	8920	120	0.2	0.09	0.292	0.025	0.31	1.09	1063
HY100 钢	7746	207	0.3	0.758	0.402	0.011	0.26	1.13	1500

表 9-2　本章模拟中用到的金属的其他材料参数[68-70]

	k/(W/(m·℃))	c/(J/(kg·℃))	α_θ/(10^{-6}/℃)	g_{cs}/(N/mm)	w_0/(J/mm^3)
Ss304L	16.2	500	17.3	2	0.15
Ti6Al4V	6.6	670	9	1	0.14
Cu	147	380	16.7	1.2	0.105
HY100 钢	34	502	14	8	0.33

对于相同的材料(如图 9-2(a)中的 Ss304L),相同的 w_0 将导致相同的峰值应力和初始软化应变。w_0 是材料从自由状态到峰值应力状态的应变能密度。g_{cs} 决定了应力下降的速度(损伤演化的速度)。g_{cs} 越大,损伤演化越慢。Ti6Al4V 的响应与上述类似,只是应力-应变曲线的下降部分更"陡峭",损伤开始时的应变更小,如图 9-2(c)所示。因此,与 Ss304L 和 Cu 相比,Ti6Al4V 表现得更"脆"。

此外,还通过与 ABAQUS 中内置的 J-C 塑性模型比较验证了程序和算法,如图 9-2(a)所示。可以看出,在应力-应变曲线的上升段,本章模型与 ABAQUS 中的程序计算结果吻合得很好。由于 ABAQUS 建立的 J-C 塑性模型没有考虑损伤效应,不存在软化区。然而,本章算法可以很好地捕捉 J-C 塑性模型的硬化阶段和金属的损伤软化。

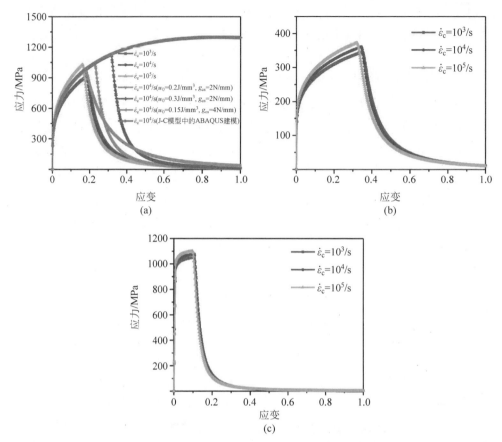

**图 9-2 三种材料在不同应变率下的应力应变曲线,以及与 ABAQUS 内置的
J-C 模型计算的结果的比较**

(a) Ss304L;(b) Cu;(c) Ti6Al4V

9.3.2 纯剪切试验模拟及参数标定

如前所述,材料模型是局部材料点(输入)的应力应变响应,而整个结构的响应是在实验(输出)中获得的。由于剪切带的高度局部化,剪切带内材料的响应与整个结构的响应有很大不同,因此不能直接用结构的整体响应来表示材料的局部响应。合理的模型输入参数,特别是 w_0 和 g_{cs},可以通过一对一映射来确定。本节以 HY100 钢为例,对 Marchand 和 Duffy[71] 的纯剪切试验的全局剪应力-剪应变曲线进行了标定,得到了局部材料点的合理的损伤演化参数。纯剪切模型是通过薄壁圆筒的扭转来实现的。模型的几何尺寸和加载示意图如图 9-3 所示。在圆柱体中心添加一个缺陷,以指定剪切带开始的位置。该模型的最小网格尺寸为 0.01mm,远小于长度尺度参数 $l_c = 0.1$mm。

计算得到的损伤和温度的总体分布如图 9-4 所示。标称应变率为 1600/s。从

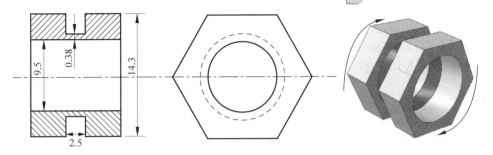

图 9-3　六角法兰扭转试样的几何尺寸和载荷图

图中单位为 mm

图中可以看出,在模型的中间,整个环上形成了一个明显的绝热剪切带。剪切带的最高温度为 244.45℃。图 9-4(c)～图 9-4(g)为若干名义剪切应变下剪切带的局部变形。最初,整个模型的剪切变形是均匀的。当名义剪切应变达到一定值(如图 9-4 中的 $\gamma_{NOM}=0.47$)时,剪切局部化发生在缺陷附近,并迅速扩展成圆形剪切带。随后,在载荷作用下发生了严重的剪切局部化。原理剪切带的区域保持均匀的变形,剪切带宽度不会随载荷的增加而继续增大。

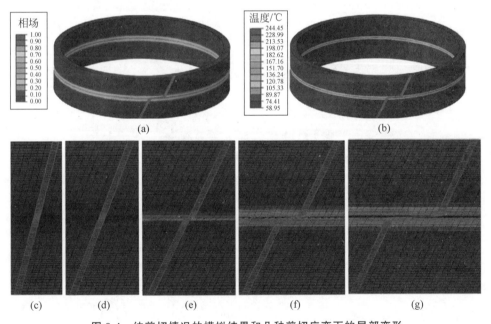

图 9-4　纯剪切情况的模拟结果和几种剪切应变下的局部变形

(a) 损伤的总体分布($\gamma_{NOM}=0.67$);(b) 温度的总体分布($\gamma_{NOM}=0.67$);(c) $\gamma_{NOM}=0.25$;

(d) $\gamma_{NOM}=0.36$;(e) $\gamma_{NOM}=0.47$;(f) $\gamma_{NOM}=0.55$;(g) $\gamma_{NOM}=0.67$

标称应变率为 1600/s

图 9-5 显示了整个结构的响应曲线和剪切带中的局部响应,并将它们与实验结果进行了比较。通过选择合适的 w_0 和 g_{cs}($w_0=0.33$J/mm,$g_{cs}=8.0$N/mm),

整个结构的应力-应变曲线和剪切带的局部响应与实验结果吻合较好。特别是在整体应力-应变曲线的软化段，本章模型仍能与实验值很好地吻合。在这个阶段，绝热剪切带发展迅速。说明本章将 w_0 和 g_{cs} 作为损伤和剪切带演化的参数是合理的。此外，通过剪切带的局部应变-名义剪切应变曲线，可以清楚地观察到剪切带快速局部化的初始应变（图 9-5(b) 中曲线的转折点 A）。

　　绝热剪切带的宽度是描述其特征的重要指标。基于损伤方法预测的剪切带宽度通常取决于网格尺寸。此处研究了不同网格尺寸 h 和不同特征宽度 l_c 下剪切带宽度和相场值的分布，如图 9-6 所示。可见，剪切带的宽度与长度尺度参数 l_c 有关。因此，对于剪切带问题，l_c 可以作为描述绝热剪切带特征宽度的内在材料参数。

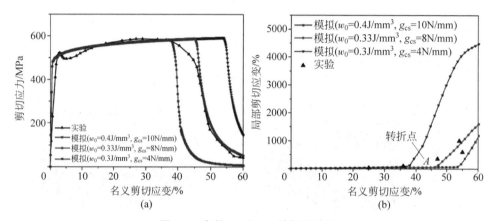

图 9-5　参数 w_0 和 g_{cs} 的校准过程

(a) 不同 w_0 和 g_{cs} 下的整体应力-应变曲线及其与实验结果的比较；

(b) 局部剪切带的剪切应变曲线与整体剪切应变曲线

实验结果取自文献[71]

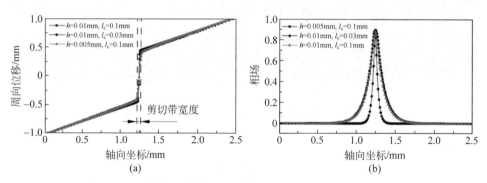

图 9-6　不同特征宽度 l_c 和网格尺寸 h 的纯剪切过程模拟结果

(a) 周向位移随轴向坐标的变化曲线，位移突变的位置为绝热剪切带；(b) 相场随轴向坐标的变化曲线

9.4 典型实例

9.4.1 绝热剪切带向裂纹的转化

本节以帽形试样的冲击试验作为热弹塑性相场模型的一个应用,进一步研究了绝热剪切带向裂纹的转变过程。钨合金由于其高密度和高强度,常被用作动能穿甲弹。在压缩状态下,绝热剪切带是钨合金的主要失效形式。对绝热剪切带的研究有助于提高钨合金穿甲弹的性能并能够指导其设计。

试验采用分离式霍普金森压杆进行,其原理图如图 9-7(a)所示。将试样放置在长为 448mm、直径为 20mm 的霍普金森压力杆上。一根长为 90mm、直径为 20mm 的撞针杆被气枪击中。冲击速度为 20~50m/s,以保证压杆和撞针杆的弹性变形。本节的初始冲击速度为 27.6m/s,帽形试样的截面形状和尺寸如图 9-7(b)所示。阴、阳角半径分别为 0.15mm 和 0.12mm。由于角点的高奇异性,两个角点处会首先发生绝热剪切带和断裂,其作用与预缺口板的缺口尖端相同。根据实验条件,建立了如图 9-7(c)所示的有限元模型。为了提高计算效率,采用 1/4 模型和对称边界条件。压力杆末端采用简支边界条件。压杆、撞针杆、帽形试样均采用钨合金,相关材料参数见表 9-3。

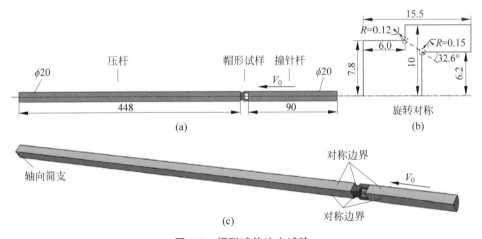

图 9-7 帽形试件冲击试验

(a) 帽形试件冲击试验示意图;(b) 帽形试件的截面尺寸[72];

(c) 帽形试件冲击试验的有限元模型(1/4 模型)

图中单位为 mm

不同时间的模拟相场演化如图 9-8 所示。图中所示为 $d=0.99$ 的等高线,以便更清楚地看到三维断裂形态。此处考虑相场变量为 $d \geqslant 0.99$ 的绝热剪切带转变为裂纹。此时,剪切带几乎无法承受载荷。可以发现,随绝热剪切带的演化,其在

表 9-3　钨合金 J-C 模型的材料参数[72-73]

E/GPa	ν	A/GPa	B/GPa	C	n	m
370	0.3	1.984	1.875	0.03	0.95	0.835

θ_m/℃	ρ_0/(kg/m³)	k/(W/(m·℃))	c/(J/(kg·℃))	α_θ/(10^{-6}/℃)	g_{cs}/(N/mm)	w_0/(J/mm³)
1085	17650	175	150	0.29	8	0.6

两个角部首先转变为断裂。随载荷的继续,内拐角处的裂纹比外拐角处的裂纹传播得更快。最终断裂不会穿透帽状试样。从内、外角延伸的断裂总长度约为两角距离的 0.7 倍。这与先前的模拟和实验结果非常吻合,在 $V_0 = 27.6\text{m/s}$ 时,绝热剪切带的测量长度为斜截面长度的 71%[72-73]。

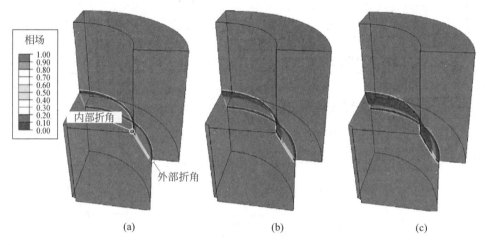

图 9-8　在不同时刻模拟的绝热剪切带的分布

(a) $t = 35\mu\text{s}$;(b) $t = 39\mu\text{s}$;(c) $t = 43\mu\text{s}$

图中显示了 $d = 0.99$ 的等值面,视图透明

　　绝热剪切带演化过程中的温升是其向断裂转变的重要因素。沿绝热剪切带的温度分布如图 9-9 所示。可以发现,在绝热剪切带发展成断裂之前,存在低温上升(约 200℃)。然而,在绝热剪切带向断裂转变的过程中,随温度的快速升高,温升约 1000℃,接近钨合金的熔点。图 9-9(a)还显示,靠近撞针杆的试样整体温度升高,表明试样在撞针杆附近整体进入塑性状态。

　　此外,还注意到温度分布不是连续的,但存在一些周期性的不连续"热点"。Guduru 等[74]首次发现绝热剪切带中的温度场由一系列沿绝热剪切带完全发展的瞬态和周期性"热点"组成。这与传统的温度场连续分布不同。此外,如图 9-9(b)所示,一系列"热点"分布在绝热剪切带中。这些"热点"可以看作绝热剪切带向断裂转变的前兆。

　　如前所述,宽度是绝热剪切带的一个重要指标。为了定量研究绝热剪切带的

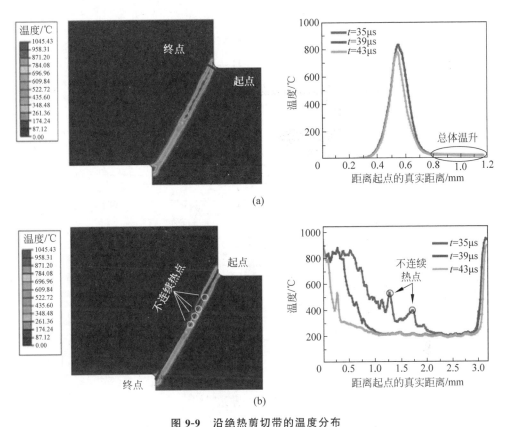

图 9-9　沿绝热剪切带的温度分布

(a) 沿剪切带的路径(左)及其温升分布(右)；(b) 沿剪切带的路径(左)及其温升分布(右)

宽度,在图 9-10 中绘制了不同时刻绝热剪切带的位移量的分布。从图中可以清楚地看到试样从均匀变形到剪切局部化,再到断裂的整个过程。在绝热剪切带中,位移有明显的突变,位移突变的区间是绝热剪切带的宽度。这种表征绝热剪切带宽度的方法是自然的,比前人以温升来表征绝热剪切带宽度的方法更加合理[49]。在前人的表征中,必须将给定的温升阈值作为材料参数,从而引入了额外的不符合物理规律的人工参数。通过统计和测量得到的绝热剪切带的宽度为 $45\mu m$,与前人的实验结果(约 $40\mu m$)吻合良好[72-73]。此外,可以看到剪切带的宽度并没有随时间的推移和剪切带变形的进一步增加而继续增加。

取试样内角附近的一个标定点,输出应力、热软化系数和损伤软化系数随时间的变化曲线,如图 9-11 所示。研究发现,热软化和损伤软化对钨合金中绝热剪切带的演化有重要影响。此外,热软化先于损伤软化发生。在损伤软化之前,由于热软化,材料的屈服强度降低了 10% 左右。后期,热软化和损伤软化同时进行,导致绝热剪切带迅速演化并向裂纹转化。也就是说,两种软化机制共同作用导致绝热剪切带的演化和向宏观裂纹的转变,这种机制被称为"双重软化"。在热软化和损伤软化的共同作用下,在约 $30\mu s$ 时,测点处的应力近似降至 0,并开始出现明显的

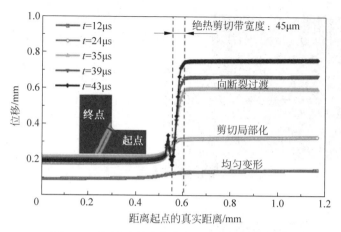

图 9-10　不同时刻绝热剪切带的位移幅值分布

随着时间的推移,变形逐渐由均匀变为高度局部化

宏观裂纹,也就是说,绝热剪切带转变为裂纹了。

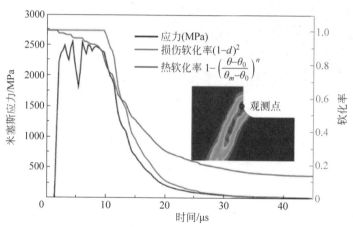

图 9-11　在靠近内角的标定点处,应力、热软化系数和损伤软化系数随时间的变化曲线

需要注意的是,在图 9-11 中,5μs 左右出现的应力突然降低是由于帽形试件与压杆接触面上的应力波反射引起的,从而导致了材料中应力的卸载,并不是软化现象。

9.4.2　自组织绝热剪切带的演化

在动态变形事件中,往往发现多个绝热剪切带同时形成并相互作用。例如,在典型的厚壁圆筒(thick-walled cylinder,TWC)动态坍塌实验中,剪切带的特征间距和模式具有自组织的特征[75-77]。如图 9-12 所示为在不同尺寸、不同材料(如 Ss304L[75]、Ti6Al4V[78]、金属钽[79]、7075 铝合金[80]等)的动态坍塌实验中观察到的自组织绝热剪切带。对这些自组织绝热剪切带的位置、间距和宽度演化规律的基本研究和定量认识,对控制材料失效和利用绝热剪切带具有指导意义。

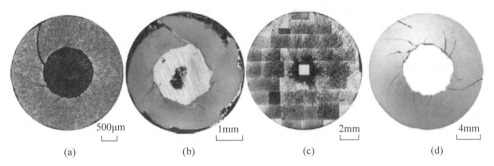

图 9-12 不同尺寸、不同材料动态坍塌实验中的自组织绝热剪切带的分布

(a) Ss304L;(b) Ti6Al4V;(c) 金属钽;(d) 7075 铝合金

考虑一个厚壁金属圆筒(材料为 304 不锈钢(Ss304L)或钛合金(Ti6Al4V)),其外径为 41.0mm,内径为 23.0mm,夹在两个铜环(外部驱动环和内部止动环)之间,如图 9-13(a)所示。外铜环的直径为 45.0mm,内铜环的直径为 20.0mm。最初,三个圆柱体之间有 0.1mm 的间隙。在动态压缩载荷的作用下,它们可以相互接触,也可以分离。为了防止内铜柱坍塌而严重变形,在模型中间放置了一个直径为内铜柱内径 1/10 的解析刚性表面($D_{rigid}=2.0$mm)。在绝热剪切带的形成和演化过程中,系统的对称性将被破坏。因此,使用完整的模型,而不是 1/2 或 1/4 模型。

外铜柱的外边界受到随时间呈指数衰减的动态边界压力,即

$$p(t) = p_0 \cdot \exp\left(-\frac{t}{t_f}\right) \tag{9-23}$$

如图 9-13(b)所示。峰值压力 p_0 为 1.0GPa,持续时间 t_f 为 $50\mu s$,作用于外边界的脉冲为

$$I = \int_0^{t_f} \pi D_o t_c p(t)\mathrm{d}t = \pi D_o t_c p_0 t_f (1 - \mathrm{e}^{-1}) \tag{9-24}$$

式中,D_o 为外边界的直径,t_c 为圆柱体的厚度。

三种材料(Ss304L、Ti6Al4V 和 Cu)的参数列于表 9-1。其他参数,如热传导参数和损伤参数如表 9-2 所示。本章同时使用了结构网格和非结构网格。在不同网格类型和密度下的模拟结果和网格灵敏度的详细讨论将在后文呈现。实验发现数值扰动足以诱导结构的非对称变形,而不需要人为引入其他扰动来破坏结构的对称性。后文亦将详细讨论初始扰动和缺陷对绝热剪切带演化的影响。特征长度尺度参数 $l_c=0.1$mm,网格尺寸 $h=l_c/2$。黏性参数 η 取 5.0×10^{-8}kN·s/mm^2。

在 $t_f=50\mu s$(加载速率 $1/t_f=2\times10^4$/s)下,相场(剪切带)在不同时间的分布如图 9-14 所示。注意,这里的加载速率是总加载速率的反映,不同于材料点的局部应变速率。当外载荷产生的应力波传递到内筒时,内筒产生初始损伤。随着损

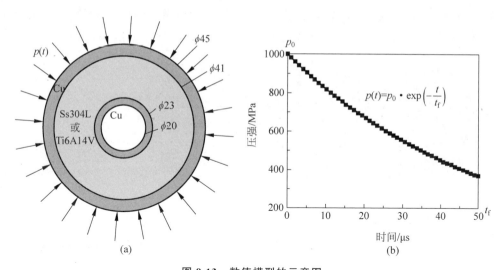

图 9-13   数值模型的示意图

(a) 夹层结构的配置；(b) 边界压力随时间的曲线

伤的演化，损伤局部化现象逐渐显现，形成了绝热剪切带，最终的绝热剪切带显示出螺旋轨迹和周期分布。在最后阶段有 18 个"主要"的绝热剪切带（超过最大可能长度的 2/3），如图 9-14(c) 所示，它们在内筒处的间距为 4.01mm。

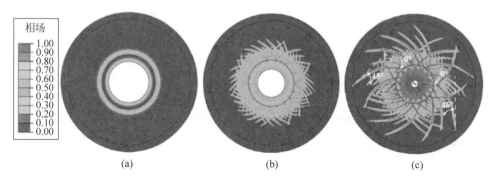

图 9-14   加载时间 $t_f = 50\mu s$（加载速率 $1/t_f = 2 \times 10^4/s$）下不同时间的相场（剪切带）分布

(a) $t = 30\mu s$；(b) $t = 40\mu s$；(c) $t = 50\mu s$

时间增量为 $\Delta t = 2.0 \times 10^{-4}\mu s$

具体的演化过程如下：刚开始，应力均匀演化；随着扰动的累积，逐渐产生了小的非对称波，如图 9-14(a) 所示。然后，扰动被迅速放大，形成大量小的局部变形带，即绝热剪切带，如图 9-14(b) 所示。随时间的推移，相邻剪切带之间存在竞争。只有其中一部分能够形成更大的绝热剪切带，并最终形成几乎均匀分布的绝热剪切带。直到几个或几十个大的绝热剪切带延伸到外部边界，结构完全坍塌，如图 9-14(c) 所示。在绝热剪切带起始时，绝热剪切带和加载方向（径向）之间的角度为 0°。当延伸到试样的外边界时，它们之间的夹角约 45°（图 9-14(c)）。以上过程也被称为绝热剪切带的"自组织行为"。通过对不同阶段绝热剪切带密度的观察，发现初始阶段绝热剪切带的数量远大于最终阶段的大绝热剪切带的数量，这与前人的实验和数值结果一致[77-78]。

图 9-15 显示了在加载持续时间 $t_f = 50\mu s$（加载速率 $1/t_f = 2 \times 10^4/s$）的几个典型时间内整个场的温度分布。可见，温度的演化与绝热剪切带的演化是一致的，并将形成一些高温自组织的能带结构。在绝热剪切带形成和演化的早期阶段，会出现一些不连续的"热点"，如图 9-15(a) 和 (b) 所示，它们通常被认为是绝热剪切带快速演化的前兆。换言之，热软化对自组织绝热剪切带的形成起着重要作用。此外，最终的温度分布（图 9-15(c)）与最终的绝热剪切带（图 9-14(c)）一致。也就是说，温升主要发生在绝热剪切带的内部，这与以往的实验观察[81]和模拟结果[82-83]是一致的。

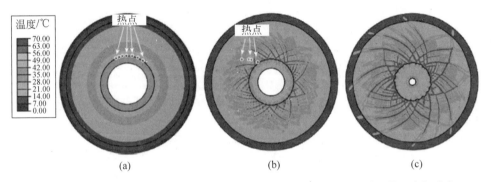

图 9-15　加载时间 $t_f = 50\mu s$，时间增量 $\Delta t = 2.0 \times 10^{-4} \mu s$ 时不同时间的温度场分布

(a) $t = 30\mu s$；(b) $t = 40\mu s$；(c) $t = 50\mu s$

图中不连续的"热点"形成于绝热剪切带形成和演化的早期

参 考 文 献

[1] 杨卫. 宏微观断裂力学[M]. 北京：国防工业出版社，1995.

[2] 王自强，陈少华. 高等断裂力学[M]. 北京：科学出版社，2009.

[3] ANDERSON T L. Fracture mechanics：Fundamentals and applications[M]. 4th ed. Boca Raton：CRC Press，2017.

[4] BROBERG K B. Cracks and fracture[M]. San Diego：Academic Press，1999：544-623.

[5] GRIFFITH A A，TAYLOR G I. The phenomena of rupture and flow in solids[J]. Philosophical Transactions of The Royal Society A Mathematical Physical and Engineering，Sciences，1920，221(582-593)：163-198.

[6] 黄克智，余寿文. 弹塑性断裂力学[M]. 北京：清华大学出版社，1985.

[7] YANG S，CHAO Y J，SUTTON M A. Higher order asymptotic crack tip fields in a power-law hardening material[J]. Engineering Fracture Mechanics，1993，45(1)：1-20.

[8] HUTCHINSON J W. Singular behaviour at the end of a tensile crack in a hardening material[J]. Journal of the Mechanics and Physics of Solids，1968，16(1)：13-31.

[9] RICE J R. A Path independent integral and the approximate analysis of strain concentration by notches and cracks[J]. Journal of Applied Mechanics，1968，35(2)：379-386.

[10] RICE J R，ROSENGREN G F. Plane strain deformation near a crack tip in a power-law hardening material[J]. Journal of the Mechanics and Physics of Solids，1968，16(1)：1-12.

[11] SHIH C F，GERMAN M D. Requirements for a one parameter characterization of crack tip fields by the HRR singularity[J]. International Journal of Fracture，1981，17(1)：27-43.

[12] AERONAUTICS C O. Proceedings of the crack propagation symposium[M]. Cranfield：Cranfield College of Aeronautics，1962.

[13] SOBOYEJO W O. Mechanical properties of engineered materials[M]. New York：Marcel Dekker，2003.

[14] JANSSEN M，ZUIDEMA J，WANHILL R J H. Fracture mechanics[M]. London：Spon Press，2004.

[15] SURESH S. Fatigue of Materials[M]. 2nd ed. Cambridge：Cambridge University Press，1998.

[16] ANDERSON T L. Fracture Mechanics：Fundamentals and Applications[M]. 3rd ed. Boca Raton：CRC Press，2005.

[17] FARAHANI B V，TAVARES P J，BELINHA J，et al. A fracture mechanics study of a compact tension specimen：Digital image correlation，finite element and meshless methods[J]. Procedia Structural Integrity，2017，5：920-927.

[18] MASUDA K，ISHIHARA S，OGUMA N. Effect of specimen thickness and stress intensity factor range on plasticity-induced fatigue crack closure in A7075-T6 alloy[J]. Materials，Multidisciplinary Digital Publishing Institute，2021，14(3)：664.

[19] WANG T，HAN H，HUANG G，et al. Three-layer phase-field model of finite strain shell for simulating quasi-static and dynamic fracture of elasto-plastic materials[J]. Engineering Fracture Mechanics，2022，267：108435.

[20] YE X，WANG T，LIU X，et al. Effect of tool size on the cutting of aluminum film with micrometer-level thickness［J］. International Journal of Solids and Structures，2022，241：111514.

[21] LEWIS T，WANG X. The T-stress solutions for through-wall circumferential cracks in cylinders subjected to general loading conditions［J］. Engineering Fracture Mechanics，2008，75(10)：3206-3225.

[22] HUANG Y，WANG X，DUAN X. Evaluation of crack opening displacement of through-wall circumferential-cracked pipe using direct weight function method［J］. Theoretical and Applied Fracture Mechanics，2020，108：102595.

[23] 余寿文，冯西桥. 损伤力学［M］. 北京：清华大学出版社，1997.

[24] ZHANG X W，TIAN Q D，YU T X. Axial crushing of circular tubes with buckling initiators［J］. Thin-Walled Structures，2009，47(6)：788-797.

[25] HILLERBORG A，MODÉER M，PETERSSON P-E. Analysis of crack formation and crack growth in concrete by means of fracture mechanics and finite elements［J］. Cement and Concrete Research，1976，6(6)：773-781.

[26] BUCHANAN M. How to cut into a material more smoothly［J］. American Physical Society，2021，14：171.

[27] RODRÍGUEZ J M，CARBONELL J M，JONSÉN P. Numerical methods for the modelling of chip formation［J］. Archives of Computational Methods in Engineering，2020，27(2)：387-412.

[28] AGHABABAEI R，MALEKAN M，BUDZIK M. Cutting depth dictates the transition from continuous to segmented chip formation［J］. Physical Review Letters，2021，127(23)：235502.

[29] GONZÁLEZ C，LLORCA J. Mechanical behavior of unidirectional fiber-reinforced polymers under transverse compression：Microscopic mechanisms and modeling［J］. Composites Science and Technology，2007，67(13)：2795-2806.

[30] HASHIN Z，ROTEM A. A fatigue failure criterion for fiber reinforced materials［J］. Journal of Composite Materials，1973，7(4)：448-464.

[31] HASHIN Z. Failure criteria for unidirectional fiber composites［J］. Journal of Applied Mechanics，1980，47(2)：329-334.

[32] ALDERLIESTEN R. Fatigue crack propagation and delamination growth in glare［J］. Fatigue Crack Propagation and Delamination Growth in GLARE，2005.

[33] DUGDALE D S. Yielding of steel sheets containing slits［J］. Journal of the Mechanics and Physics of Solids，1960，8(2)：100-104.

[34] BARENBLATT G I. Advances in applied mechanics［M］. Amsterdam：Elsevier，1962，7：55-129.

[35] NEEDLEMAN A. A continuum model for void nucleation by inclusion debonding［J］. Journal of Applied Mechanics，1987，54(3)：525-531.

[36] 王涛，黄广炎，柳占立，等. 基于 ABAQUS 的有限元子程序开发及应用［M］. 北京：北京理工大学出版社，2021.

[37] DIEHL T. On using a penalty-based cohesive-zone finite element approach，Part Ⅰ：Elastic solution benchmarks［J］. International Journal of Adhesion and Adhesives，2008，28(4)：

237-255.

[38] ALFANO G,CRISFIELD M A. Finite element interface models for the delamination analysis of laminated composites: Mechanical and computational issues[J]. International Journal for Numerical Methods in Engineering,2001,50(7): 1701-1736.

[39] ZENG Q,LIU Z,WANG T,et al. Fully coupled simulation of multiple hydraulic fractures to propagate simultaneously from a perforated horizontal wellbore[J]. Computational Mechanics,2018,61(1): 137-155.

[40] 王涛,柳占立,庄苗. 页岩气高效开采的可压裂度和射孔簇间距预测[J]. 力学学报,2022,54(2): 1-9.

[41] LECAMPION B,DESROCHES J. Simultaneous initiation and growth of multiple radial hydraulic fractures from a horizontal wellbore[J]. Journal of the Mechanics and Physics of Solids,2015,82: 235-258.

[42] WISNOM M R. The role of delamination in failure of fibre-reinforced composites[J]. Philosophical Transactions of the Royal Society A: Mathematical, Physical and Engineering Sciences,2012,370(1965): 1850-1870.

[43] IRWIN G R. Onset of fast crack propagation in high strength steel and aluminum alloys[R]. Washington D. C. : Naval Research Lab,1956.

[44] IRWIN G R. Analysis of stresses and strains near the end of a crack traversing a plate[J]. Journal of Applied Mechanics,1957,24(3): 361-364.

[45] RYBICKI E F,KANNINEN M F. A finite element calculation of stress intensity factors by a modified crack closure integral[J]. Engineering Fracture Mechanics,1977,9(4): 931-938.

[46] 陆明万,罗学富. 弹性理论基础(上)[M]. 北京: 清华大学出版社,2001.

[47] MOËS N,DOLBOW J,BELYTSCHKO T. A finite element method for crack growth without remeshing[J]. International Journal for Numerical Methods in Engineering,1999,46(1): 131-150.

[48] BABUŠKA I,MELENK J M. The partition of unity method[J]. International Journal for Numerical Methods in Engineering,1997,40(4): 727-758.

[49] SONG J-H,AREIAS P M A,BELYTSCHKO T. A method for dynamic crack and shear band propagation with phantom nodes[J]. International Journal for Numerical Methods in Engineering,2006,67(6): 868-893.

[50] HANSBO A,HANSBO P. A finite element method for the simulation of strong and weak discontinuities in solid mechanics[J]. Computer Methods in Applied Mechanics and Engineering,2004,193(33): 3523-3540.

[51] DUAN Q,SONG J H,MENOUILLARD T,et al. Element-local level set method for three-dimensional dynamic crack growth[J]. International Journal for Numerical Methods in Engineering,2009,80(12): 1520-1543.

[52] VAN DER MEER F P,SLUYS L J. Mesh-independent modeling of both distributed and discrete matrix cracking in interaction with delamination in composites[J]. Engineering Fracture Mechanics,2010,77(4): 719-735.

[53] SUKUMAR N,CHOPP D L,MORAN B. Extended finite element method and fast marching method for three-dimensional fatigue crack propagation[J]. Engineering Fracture

Mechanics,2003,70(1): 29-48.

[54] GRAVOUIL A, MOËS N, BELYTSCHKO T. Non-planar 3D crack growth by the extended finite element and level sets—Part II: Level set update[J]. International Journal for Numerical Methods in Engineering,2002,53(11): 2569-2586.

[55] FRANCFORT G A, MARIGO J J. Revisiting brittle fracture as an energy minimization problem[J]. Journal of the Mechanics and Physics of Solids,1998,46(8): 1319-1342.

[56] BOURDIN B, FRANCFORT G A, MARIGO J J. The variational approach to fracture[J]. Journal of Elasticity,2008,91(1): 5-148.

[57] HAKIM V, KARMA A. Laws of crack motion and phase-field models of fracture[J]. Journal of the Mechanics and Physics of Solids,2009,57(2): 342-368.

[58] MIEHE C, WELSCHINGER F, HOFACKER M. Thermodynamically consistent phase-field models of fracture: Variational principles and multi-field FE implementations[J]. International Journal for Numerical Methods in Engineering,2010,83(10): 1273-1311.

[59] BORDEN M J, VERHOOSEL C V, SCOTT M A, et al. A phase-field description of dynamic brittle fracture[J]. Computer Methods in Applied Mechanics and Engineering, 2012,217-220: 77-95.

[60] VERHOOSEL C V, BORST R. A phase-field model for cohesive fracture[J]. International Journal for Numerical Methods in Engineering,2013,96(1): 43-62.

[61] MIEHE C, SCHÄNZEL L M, ULMER H. Phase field modeling of fracture in multi-physics problems. Part I. Balance of crack surface and failure criteria for brittle crack propagation in thermo-elastic solids[J]. Computer Methods in Applied Mechanics and Engineering,2015,294: 449-485.

[62] AMOR H, MARIGO J J, MAURINI C. Regularized formulation of the variational brittle fracture with unilateral contact: Numerical experiments[J]. Journal of the Mechanics and Physics of Solids,2009,57(8): 1209-1229.

[63] BORDEN M J, HUGHES T J R, LANDIS C M, et al. A phase-field formulation for fracture in ductile materials: Finite deformation balance law derivation, plastic degradation, and stress triaxiality effects[J]. Computer Methods in Applied Mechanics and Engineering,2016,312: 130-166.

[64] WU J Y, CERVERA M. A novel positive/negative projection in energy norm for the damage modeling of quasi-brittle solids[J]. International Journal of Solids and Structures, 2018,139-140: 250-269.

[65] WU J Y, NGUYEN V P, ZHOU H, et al. A variationally consistent phase-field anisotropic damage model for fracture[J]. Computer Methods in Applied Mechanics and Engineering, 2020,358: 112629.

[66] WU J Y. A unified phase-field theory for the mechanics of damage and quasi-brittle failure[J]. Journal of the Mechanics and Physics of Solids,2017,103: 72-99.

[67] WU J Y. A geometrically regularized gradient-damage model with energetic equivalence[J]. Computer Methods in Applied Mechanics and Engineering,2018,328: 612-637.

[68] LOVINGER Z, RITTEL D, ROSENBERG Z. Modeling spontaneous adiabatic shear band formation in electro-magnetically collapsing thick-walled cylinders [J]. Mechanics of Materials,2018,116: 130-145.

[69] ZHANG Y,OUTEIRO J C,MABROUKI T. On the selection of johnson-cook constitutive model parameters for Ti-6Al-4V using three types of numerical models of orthogonal cutting[J]. Procedia CIRP,2015,31: 112-117.

[70] CHEN X,DU C. A gradient plasticity model for the simulation of shear localization[J]. Advances in Mechanical Engineering,2017,9(9): 1-9.

[71] MARCHAND A,DUFFY J. An experimental study of the formation process of adiabatic shear bands in a structural steel[J]. Journal of the Mechanics and Physics of Solids,1988, 36(3): 251-283.

[72] TENG X,WIERZBICKI T,COUQUE H. On the transition from adiabatic shear banding to fracture[J]. Mechanics of Materials,2007,39(2): 107-125.

[73] COUQUE H. A hydrodynamic hat specimen to investigate pressure and strain rate dependence on adiabatic shear band formation[J]. Journal de Physique IV (Proceedings), 2003,110: 423-428.

[74] GUDURU P R,RAVICHANDRAN G,ROSAKIS A J. Observations of transient high temperature vortical microstructures in solids during adiabatic shear banding[J]. Physical Review E,Statistical,Nonlinear,and Soft Matter Physics,2001,64(3 Pt 2): 036128.

[75] LOVINGER Z,RIKANATI A,ROSENBERG Z,et al. Electro-magnetic collapse of thick-walled cylinders to investigate spontaneous shear localization[J]. International Journal of Impact Engineering,2011,38(11): 918-929.

[76] XUE Q,MEYERS M A,NESTERENKO V F. Self organization of shear bands in stainless steel[J]. Materials Science and Engineering: A,2004,384(1): 35-46.

[77] NESTERENKO V F,MEYERS M A,WRIGHT T W. Self-organization in the initiation of adiabatic shear bands[J]. Acta Materialia,1998,46(1): 327-340.

[78] LOVINGER Z,RITTEL D,ROSENBERG Z. An experimental study on spontaneous adiabatic shear band formation in electro-magnetically collapsing cylinders[J]. Journal of the Mechanics and Physics of Solids,2015,79: 134-156.

[79] CHEN Y J,MEYERS M A,NESTERENKO V F. Spontaneous and forced shear localization in high-strain-rate deformation of tantalum [J]. Materials Science and Engineering: A,1999,268(1): 70-82.

[80] YANG Y,ZENG Y,GAO Z W. Numerical and experimental studies of self-organization of shear bands in 7075 aluminium alloy[J]. Materials Science and Engineering: A,2008, 496(1): 291-302.

[81] GUO Y,RUAN Q,ZHU S,et al. Temperature rise associated with adiabatic shear band: Causality clarified[J]. Physical Review Letters,2019,122(1): 015503.

[82] MCAULIFFE C,WAISMAN H. A unified model for metal failure capturing shear banding and fracture[J]. International Journal of Plasticity,2015,65: 131-151.

[83] CHU D,LI X,LIU Z,et al. A unified phase field damage model for modeling the brittle-ductile dynamic failure mode transition in metals[J]. Engineering Fracture Mechanics, 2019,212: 197-209.

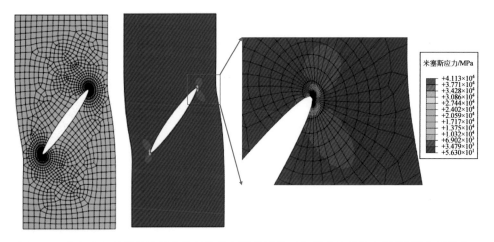

图 2-12　含有中心斜裂纹的板在单轴拉伸下的模拟结果和局部的网格变形视图(变形放大了
　　　　 10 倍)

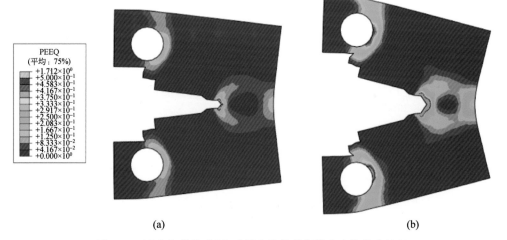

(a)　　　　　　　　　　　　　　　　　　(b)

图 3-15　两个加载位移下,试样上的等效塑性应变的分布情况

(a) $u = 4.75\text{mm}$; (b) $u = 10\text{mm}$

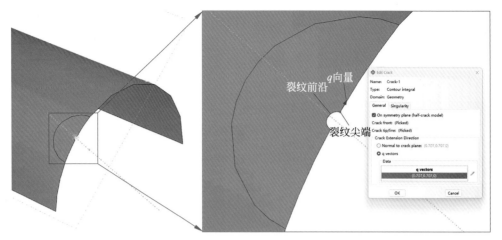

图 3-22 通过一个孔洞来模拟裂纹尖端的设置(对称裂纹、q 向量)

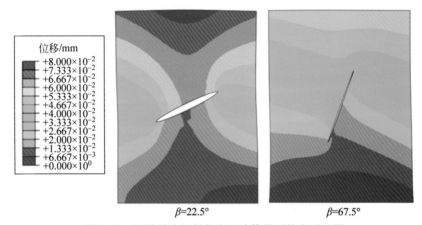

图 3-28 两种裂纹倾斜角度下计算得到的变形云图

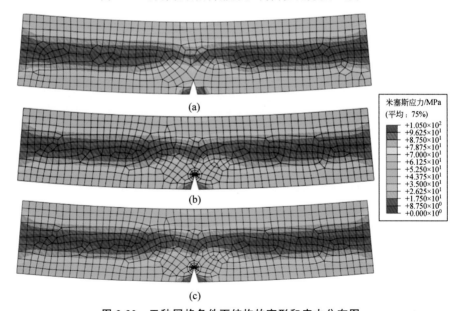

图 3-32 三种网格条件下结构的变形和应力分布图

(a)非聚焦网格;(b)聚焦网格+非奇异单元;(c)聚焦网格+奇异单元

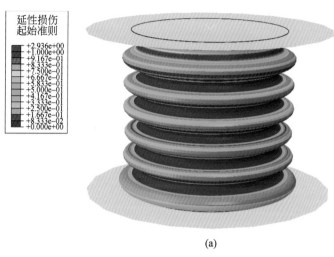

(a)

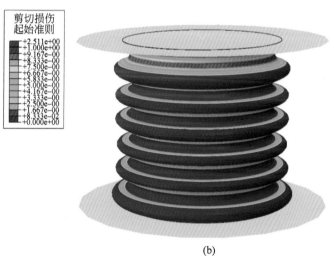

(b)

图 4-8 采用两种损伤起始准则计算得到的铝制圆管型材的轴向挤压的
变形和损伤起始云图(轴向变形放大 0.6 倍,其他方向放大 1 倍)

(a) 延性损伤起始准则;(b) 剪切损伤起始准则

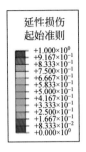

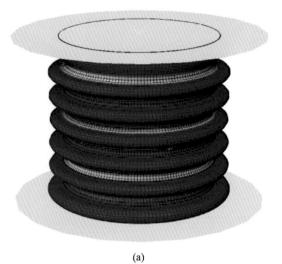

(a)

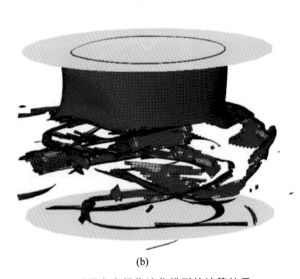

(b)

图 4-14　采用考虑损伤演化模型的计算结果

（a）延性损伤起始准则；（b）剪切损伤起始准则

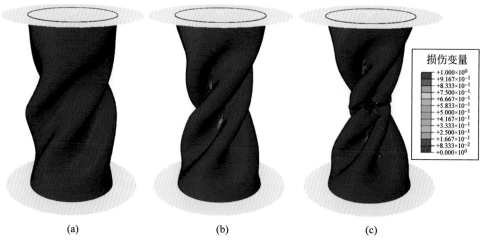

(a)   (b)   (c)

图 4-16　不同的扭转角度下，铝制圆管的变形和损伤失效情况

（a）$\varphi=1.5\mathrm{rad}$；（b）$\varphi=3.0\mathrm{rad}$；（c）$\varphi=6.0\mathrm{rad}$

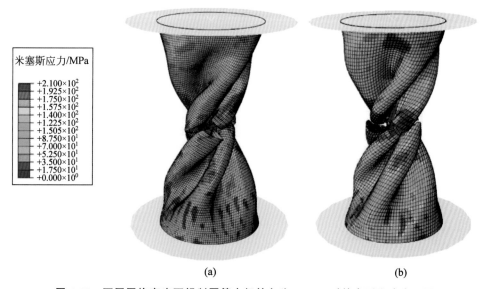

(a)   (b)

图 4-17　不同网格密度下铝制圆管在扭转角为 6.0rad 时的变形和应力云图

（a）网格尺寸 1.0mm；（b）网格尺寸 1.5mm

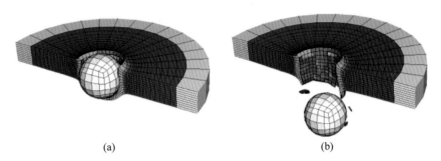

图 4-19 不考虑单元删除和考虑单元删除设置后,计算得到的刚性小球侵彻靶板的结果

(a) 不考虑单元删除;(b) 考虑单元删除

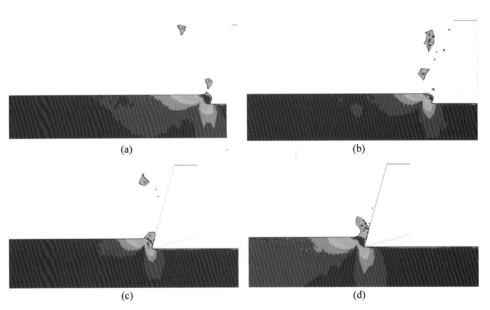

图 4-22 当切削厚度为 0.5cm 时,计算得到的几个典型时刻的变形云图和切削产生的切屑 (卷边)

(a) $t=3\text{ms}$;(b) $t=8\text{ms}$;(c) $t=15\text{ms}$;(d) $t=20\text{ms}$

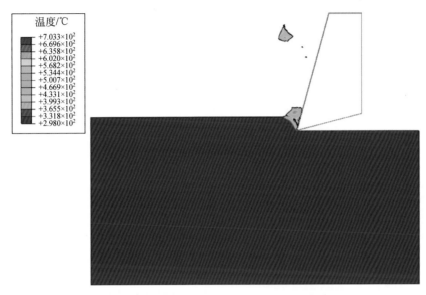

温度/℃

+7.033×10²
+6.696×10²
+6.358×10²
+6.020×10²
+5.682×10²
+5.344×10²
+5.007×10²
+4.669×10²
+4.331×10²
+3.993×10²
+3.655×10²
+3.318×10²
+2.980×10²

图 4-23   典型时刻(15ms)试样内的温度分布情况

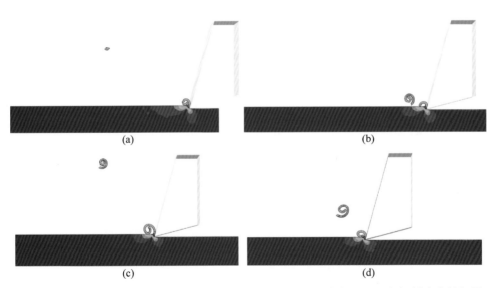

(a)   (b)

(c)   (d)

图 4-24   当切削厚度为 0.1cm 时,计算得到的几个典型时刻的变形云图和切削产生的切屑
(卷边)

(a) $t=5$ms;(b) $t=10$ms;(c) $t=15$ms;(d) $t=20$ms

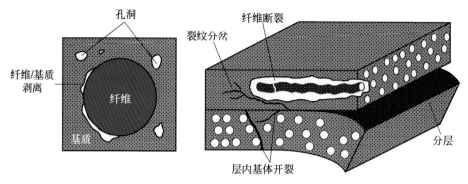

图 4-26　纤维增强复合材料中的常见损伤破坏类型

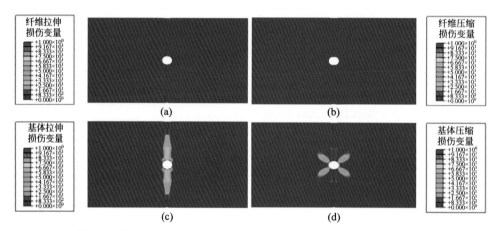

图 4-33　模拟得到的含有钝口的纤维金属层压板的 0°复合材料层的纤维和基体损伤分布

（a）纤维拉伸损伤；（b）纤维压缩损伤；（c）基体拉伸损伤；（d）基体压缩损伤

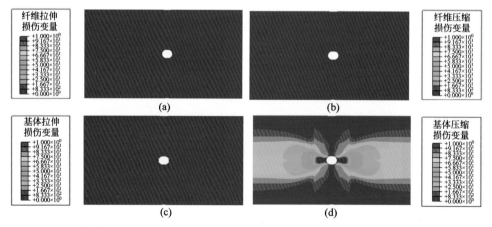

图 4-34　模拟得到的含有钝口的纤维金属层压板的 90°复合材料层的纤维和基体损伤分布

（a）纤维拉伸损伤；（b）纤维压缩损伤；（c）基体拉伸损伤；（d）基体压缩损伤

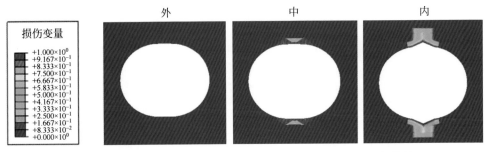

图 4-35　模拟得到的圆形钝口附近的三个胶接层的内聚力单元损伤情况

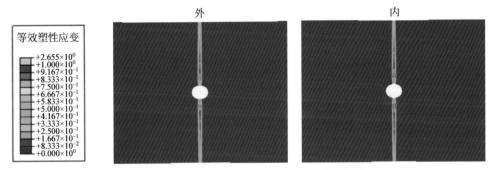

图 4-36　模拟得到的内外层铝板的等效塑性应变分布

图 5-16　采用一维、二维、三维模型的双悬臂梁问题的应力和变形云图

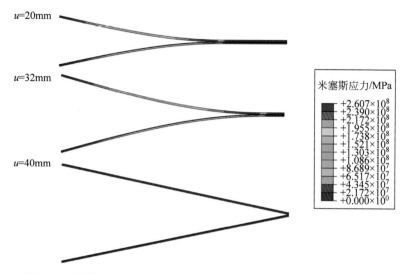

图 5-21　计算得到的三个典型位移下的分层复合试样的变形和应力云图

失效的内聚力单元(SDEG＞0.99)已经被移除

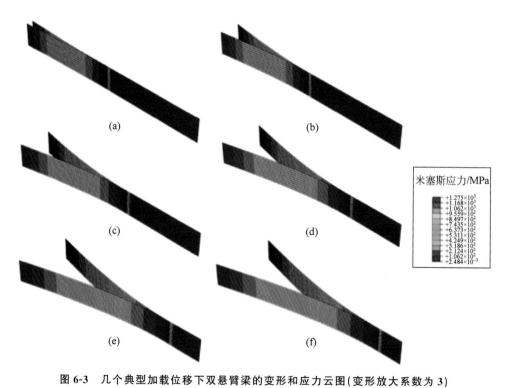

图 6-3　几个典型加载位移下双悬臂梁的变形和应力云图(变形放大系数为 3)

(a) $u=0.5$mm；(b) $u=1.5$mm；(c) $u=2.5$mm；(d) $u=3.5$mm；(e) $u=4.5$mm；(f) $u=5.0$mm

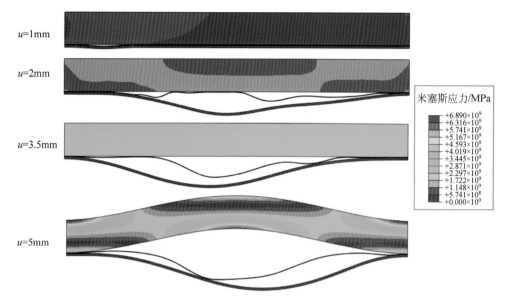

u=1mm

u=2mm

u=3.5mm

u=5mm

米塞斯应力/MPa

```
+6.890×10⁹
+6.316×10⁹
+5.741×10⁹
+5.167×10⁹
+4.593×10⁹
+4.019×10⁹
+3.445×10⁹
+2.871×10⁹
+2.297×10⁹
+1.722×10⁹
+1.148×10⁹
+5.741×10⁸
+0.000×10⁰
```

图 6-6   不同横向加载位移下悬臂梁的压缩屈曲和界面分层情况的模拟结果

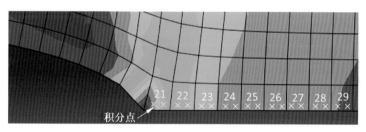

图 7-2   有限宽中心直裂纹板的有限元计算结果（对称半模型，裂纹尖端布局应力）

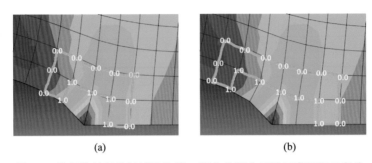

(a)   (b)

图 7-6　使用等效积分区域法计算 J 积分的积分区域示意图和 J 积分

（a）$J=0.2905\mathrm{N/mm}$，$r=0.62\%$；（b）$J=0.2929\mathrm{N/mm}$，$r=0.21\%$

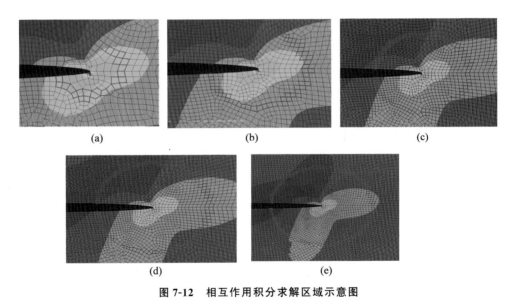

(a)   (b)   (c)

(d)   (e)

图 7-12　相互作用积分求解区域示意图

（a）$R=2.5$；（b）$R=5$；（c）$R=7.5$；（d）$R=10$；（e）$R=15$

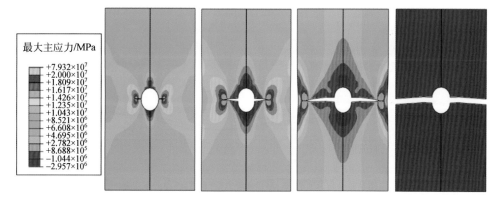

图 8-16　通过扩展有限元法模拟得到的裂纹从萌生到扩展至模型边界过程中的几个典型状态

变形放大因子为 10

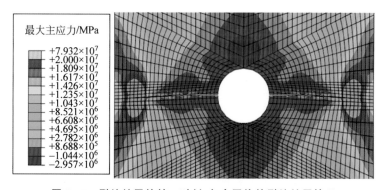

图 8-17　裂纹扩展的某一时刻,包含网格的裂纹扩展情况

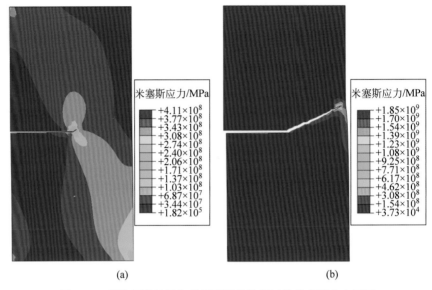

图 8-21 裂纹开始扩展和扩展到结构边缘时的米塞斯应力云图

（a）开始扩展；（b）扩展到结构边缘

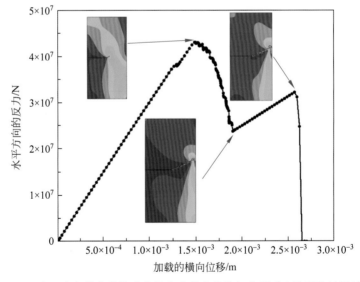

图 8-22 水平方向的载荷位移曲线和曲线上的特征点所对应的裂纹扩展情况

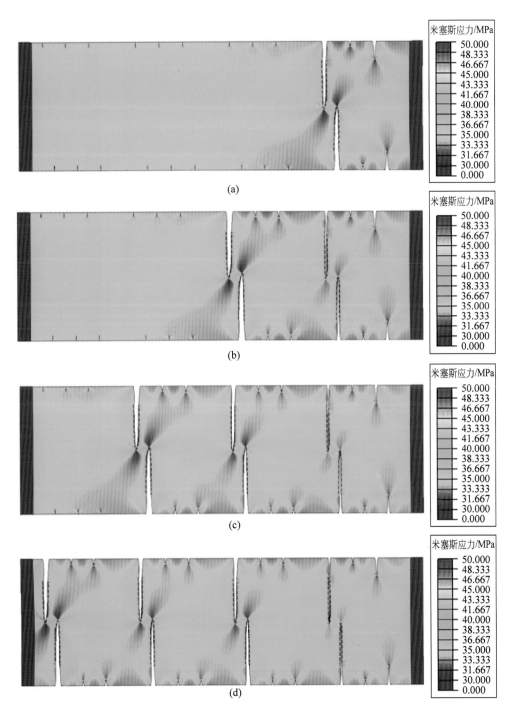

图 8-25 不同时刻的同步 Zipper 压裂的缝网分布情况

(a) 2400s；(b) 4800s；(c) 7200s；(d) 9600s

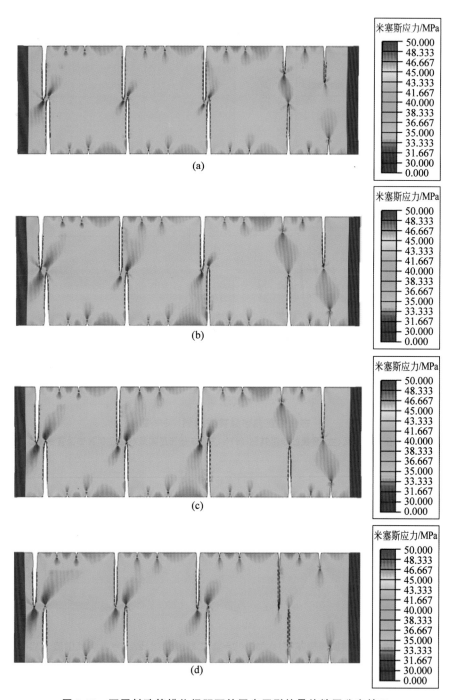

图 8-26   不同射孔簇错位间距下的同步压裂的最终缝网分布情况

(a) 0.2 倍；(b) 0.3 倍；(c) 0.4 倍；(d) 0.5 倍

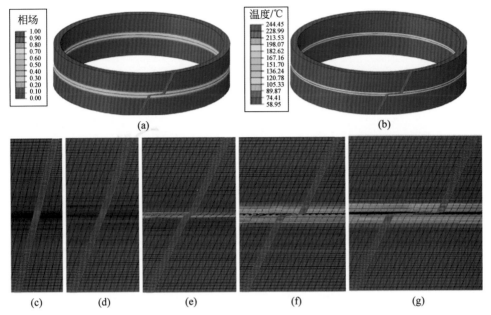

图 9-4　纯剪切情况的模拟结果和几种剪切应变下的局部变形

(a) 损伤的总体分布($\gamma_{\text{NOM}}=0.67$)；(b) 温度的总体分布($\gamma_{\text{NOM}}=0.67$)；(c) $\gamma_{\text{NOM}}=0.25$；

(d) $\gamma_{\text{NOM}}=0.36$；(e) $\gamma_{\text{NOM}}=0.47$；(f) $\gamma_{\text{NOM}}=0.55$；(g) $\gamma_{\text{NOM}}=0.67$

标称应变率为 1600/s

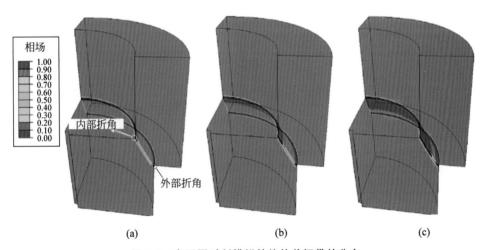

图 9-8　在不同时刻模拟的绝热剪切带的分布

(a) $t=35\mu s$；(b) $t=39\mu s$；(c) $t=43\mu s$

图中显示了 $d=0.99$ 的等值面，视图透明

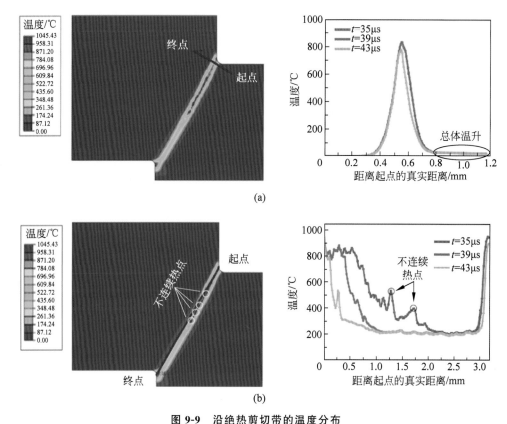

图 9-9　沿绝热剪切带的温度分布

（a）沿剪切带的路径（左）及其温升分布（右）；（b）沿剪切带的路径（左）及其温升分布（右）

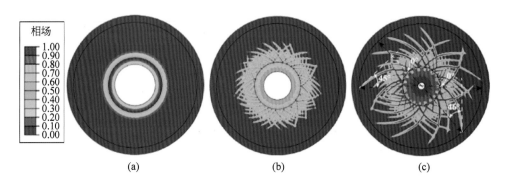

图 9-14　加载时间 $t_f=50\mu s$（加载速率 $1/t_f=2\times10^4/s$）下不同时间的相场（剪切带）分布

（a）$t=30\mu s$；（b）$t=40\mu s$；（c）$t=50\mu s$

时间增量为 $\Delta t=2.0\times10^{-4}\mu s$

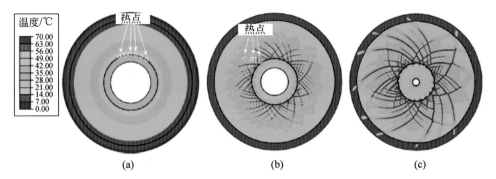

图 9-15　加载时间 $t_f = 50\mu s$，时间增量 $\Delta t = 2.0 \times 10^{-4} \mu s$ 时不同时间的温度场分布

(a) $t = 30\mu s$；(b) $t = 40\mu s$；(c) $t = 50\mu s$

图中不连续的"热点"形成于绝热剪切带形成和演化的早期